"十二五"职业教育国家规划教

经全国职业教育教材审定委员会

高等职业教育工程造价专业系列

GAODENG ZHIYE JIAOYU GONGCHENG ZAOJIA ZHUANYE XILIE JIAOCH

工程成本
与控制（第3版）

GONGCHENG CHENGBEN
U KONGZHI

主　编／张学英　涂申清

副主编／李　冰　郭　华

参　编／文新惠　陈金翠

重庆大学出版社

内容简介

本书依据国家颁布的《企业会计准则》《企业财务通则》《企业会计制度》和《施工企业会计核算办法》，结合建筑企业的施工特点，全面系统地介绍了工程成本核算与控制的基本原理、基本知识和基本方法。主要内容包括会计基础知识、工程成本核算概述、材料费用的核算、人工费用的核算、折旧费用的核算、辅助生产和机械作业费用的核算、施工间接费用与临时设施费用的核算、工程成本结算与决算、合同费用与期间费用的核算、工程成本计划、工程成本控制和工程成本会计报表的编制与成本分析。

本书是高等职业教育工程造价专业教材，也适宜用作其他建筑管理类专业教材，还可作为工程技术人员、工程管理人员、在职财会人员进行继续教育和业务培训的学习参考书。

图书在版编目(CIP)数据

工程成本与控制／张学英，涂申清主编. -- 3 版
. -- 重庆：重庆大学出版社，2019.5
高等职业教育工程造价专业系列教材
ISBN 978-7-5689-1462-8

Ⅰ. ①工… Ⅱ. ①张… ②涂… Ⅲ. ①建筑工程—成
本管理—高等职业教育—教材 Ⅳ. ①TU723.3

中国版本图书馆 CIP 数据核字(2019)第 076716 号

高等职业教育工程造价专业系列教材
工程成本与控制
(第3版)

主 编 张学英 涂申清
副主编 李 冰 郭 华
策划编辑：刘颖果 林青山
责任编辑：范春青 王 伟 版式设计：黄 河
责任校对：谢 芳 责任印制：张 策

*

重庆大学出版社出版发行
出版人：易树平
社址：重庆市沙坪坝区大学城西路 21 号
邮编：401331
电话：(023)88617190 88617185(中小学)
传真：(023)88617186 88617166
网址：http://www.cqup.com.cn
邮箱：fxk@ cqup.com.cn(营销中心)
全国新华书店经销
重庆荟文印务有限公司印刷

*

开本：787mm×1092mm 1/16 印张：12.75 字数：320 千
2019 年 5 月第 3 版 2019 年 5 月第 5 次印刷
印数：8 501—11 500
ISBN 978-7-5689-1462-8 定价：29.00 元

本书如有印刷、装订等质量问题，本社负责调换

版权所有，请勿擅自翻印和用本书
制作各类出版物及配套用书，违者必究

编委会

顾 问　尹贻林　阎家惠

主 任　武育秦

副主任　刘　洁　崔新媛

委 员　（以姓氏笔画为序）

马　楠　王小娟　王　亮　王海春　付国栋

刘三会　刘　武　许　光　李中秋　李绪梅

宋宗宇　张　川　吴心伦　杨甲奇　吴安来

张建设　张国梁　时　思　钟汉华　郭起剑

胡晓娟　涂国志　崔新媛　盛文俊　蒋中元

彭　元　谢远光　韩景玮　廖天平　黎　平

特别鸣谢(排名不分先后)

天津理工大学经济管理学院
重庆市建设工程造价管理总站
重庆大学
重庆交通大学应用技术学院
重庆工程职业技术学院
平顶山工学院
江苏建筑职业技术学院
番禺职业技术学院
青海建筑职业技术学院
浙江万里学院
济南工程职业技术学院
湖北水利水电职业技术学院
洛阳理工学院
邢台职业技术学院
鲁东大学
成都大学
四川建筑职业技术学院
四川交通职业技术学院
湖南交通职业技术学院
青海交通职业技术学院
河北交通职业技术学院
江西交通职业技术学院
新疆交通职业技术学院
甘肃交通职业技术学院
山西交通职业技术学院
云南交通职业技术学院
重庆三峡学院
重庆市建筑材料协会
重庆交通大学管理学院
重庆市建设工程造价管理协会
重庆泰莱建设工程造价咨询有限公司
重庆市江津区住房和城乡建设委员会

序

　　《高等职业教育工程造价专业规划教材》于 1992 年由重庆大学出版社正式出版发行,并分别于 2002 年和 2006 年对该系列教材进行修订和扩充,教材品种数也从 12 种增加至 36 种。该系列教材自问世以来,受到全国各有关院校师生及工程技术人员的欢迎,产生了一定的社会反响。编委会就广大读者对该系列教材出版的支持、认可与厚爱,在此表示衷心的感谢。

　　随着我国社会经济的蓬勃发展,建筑业管理体制改革的不断深化,工程技术和管理模式的更新与进步,以及我国工程造价计价模式和高等职业教育人才培养模式的变化等,这些变革必然对该专业系列教材的体系构成和教学内容提出更高的要求。另外,近年来我国对建筑行业的一些规范和标准进行了修订,如《建设工程工程量清单计价规范》(GB 50500—2008)等。为适应我国"高等职业教育工程造价专业"人才培养的需要,并以系列教材建设促进其专业发展,重庆大学出版社通过全面的信息跟踪和调查研究,在广泛征求有关院校师生和同行专家意见的基础上,决定重新改版、扩充以及修订《高等职业教育工程造价专业规划教材》。

　　本系列教材的编写是根据教育部制定颁发的《高职高专教育专业人才培养目标及规格》和《工程造价专业教育标准和培养方案》,以社会对工程造价专业人员的知识、能力及素质需求为目标,以国家注册造价工程师考试的内容为依据,以最新颁布的国家和行业规范、标准、法规为标准而编写的。本系列教材针对高等职业教育的特点,基础理论的讲授以应用为目的,以必需、够用为度,突出技术应用能力的培养,反映国内外工程造价专业发展的最新动态,体现我国当前工程造价管理体制改革的精神和主要内容,完全能够满足培养德、智、体全面发展的,掌握本专业基础理论、基本知识和基本技能,获得造价工程师初步训练,具有良好综合素质和独立工作能力,会编制一般土建、安装、装饰、工程造价,初步具有进行工程造价管理和过程控制能力的高等技术应用型人才。

由于现代教育技术在教学中的应用和教学模式的不断变革,教材作为学生学习功能的唯一性正在淡化,而学习资料的多元性也正在加强。因此,为适应高等职业教育"弹性教学"的需要,满足各院校根据建筑企业需求,灵活调整及设置专业培养方向。我们采用了专业"共用课程模块 + 专业课程模块"的教材体系设置,给各院校提供了发挥个性和设置专业方向的空间。

本系列教材的体系结构如下:

共用课程模块	建筑安装模块	道路桥梁模块
建设工程法规	建筑工程材料	道路工程概论
工程造价信息管理	建筑结构基础	道路工程材料
工程成本与控制	建设工程监理	公路工程经济
工程成本会计学	建筑工程技术经济	公路工程监理概论
工程测量	建设工程项目管理	公路工程施工组织设计
工程造价专业英语	建筑识图与房屋构造	道路工程制图与识图
	建筑识图与房屋构造习题集	道路工程制图与识图习题集
	建筑工程施工工艺	公路工程施工与计量
	电气工程识图与施工工艺	桥隧施工工艺与计量
	管道工程识图与施工工艺	公路工程造价编制与案例
	建筑工程造价	公路工程招投标与合同管理
	安装工程造价	公路工程造价管理
	安装工程造价编制指导	公路工程施工放样
	装饰工程造价	
	建设工程招投标与合同管理	
	建筑工程造价管理	
	建筑工程造价实训	

注:①本系列教材赠送电子教案。
②希望各院校和企业教师、专家参与本系列教材的建设,并请毛遂自荐担任后续教材的主编或参编,联系 E-mail:linqs@ cqup. com. cn。

本次系列教材的重新编写出版,对每门课程的内容都作了较大增加和删改,品种也增至 36 种,拓宽了该专业的适应面和培养方向,给各有关院校的专业设置提供了更多的空间。这说明,该系列教材是完全适应工程造价相关专业教学需要的一套好教材,并在此推荐给有关院校和广大读者。

编委会
2012 年 4 月

前言

（第3版）

本书第1版于2008年出版；2012年在第1版的基础上进行了修订；本次是按照教职成司函〔2013〕184号文件要求，根据《"十二五"职业教育国家规划教材选题申报工作方案》的精神，结合多年的教学实践，在第2版的基础上进行的修订。

本书在修订过程中注意保持了教学内容的系统性，同时在每章开头增加了"本章导读"，其中包括"学习目标""重点""难点"，章尾总结归纳出"小结"，并配有思考题、练习题等，便于学员进行学习和自测。在写作中，作者力求做到层次清楚，语言简洁流畅，内容丰富，既便于读者循序渐进地系统学习，又能使读者了解到成本会计与控制新的发展方向，希望本书对读者掌握成本会计与控制核算有一定的帮助。

本次修订由高校教师和企业专家共同完成。张学英副教授（河南城建学院），从教三十多年，为注册咨询师、河南省评标专家；陈金翠副教授（河南城建学院）从事财务工作十多年，后从事教学工作，实践经验丰富；涂申清教授（黄冈职业技术学院）从教二十多年，为全国注册会计师；文新惠高工（中国平煤神马集团）长期从事财务管理工作，为全国注册会计师；李冰、郭华讲师（河南城建学院）均从教十几年，教学经验丰富，深受学生喜爱。本次修订具体分工如下：第1,9,10,11章由张学英执笔；第3,4章由涂申清执笔；第2章由文新惠执笔；第5,6章由陈金翠执笔；第7,8章由李冰修改；第12章由郭华执笔。

本书是工程造价专业的系列教材之一，也适宜用作其他建筑管理类专业的课程教材。随教材配套有内容丰富的"数字资源包"，包括电子课件、课后习题参考答案、配套试卷及参考答案、延伸阅读等资料。以方便教师教学或者学生自学。

在本书编写过程中，作者参考了部分近年来的文献资料，也得到了有关专家、学者的支持和帮助,在此深表谢意!限于编者的水平,错误与不妥之处在所难免,请有关专家、学者和广大读者批评指正,以便今后进一步完善。

编　者
2018 年 8 月

前言

（第 2 版）

　　随着我国改革开放的不断深化和社会主义经济体制的建立与完善，特别是跨国公司的不断涌现，建筑业面临着经济全球化市场的严峻考验，迫切要求建筑企业在深化改革，建立现代化企业的过程中，逐步提高经营管理水平。建筑业是我国国民经济的支柱产业，工程成本与控制是建筑企业经济管理的重要组成内容，搞好工程成本核算，加强成本控制，对于企业经济效益的提高，增强企业全球化市场竞争能力，都是十分必要的。

　　本次修订以 2006 年 2 月 15 日财政部在北京举行的"中国会计审计准则体系发布会"上发布的《新会计准则体系》为依据，结合了国际财务报告准则的最新动态，准确贯彻了我国《2008 企业会计准则讲解》的精神，结合施工企业的特点，体现了新的企业所得税法、增值税、消费税、营业税及公司法在会计的运用。本次修订以原有教材为基础，作了较为全面的梳理、补充和完善，内容更加完整、准确，新颖性、实用性更强。

　　本书是重庆大学出版社"高等职业教育工程造价管理专业规划教材"之一，是以社会对工程造价人员的知识、能力及素质需求为目标，以国家注册造价工程师考试的内容为依据，以教育部发布的《工程造价专业教育标准和方案》为指导，在结合本课程多年的教学经验的基础上，紧密结合建筑工程生产经营的特点编写而成。本书不仅全面地阐述了工程成本与控制的基本原理、基本理论和基本方法，而且较系统地介绍了标准成本、预算成本管理和核算的内容、作用及方法，还详细地说明了成本预测、成本计划、成本控制、成本报表和成本分析的内容、作用和技术方法。书中安排了一般土建、安装、路桥工程造价的例题、复习思考题等内容，增强了实用性和可操作性，以适应高等技术应用型人才的培养要求。

本次修订由河南城建学院张学英承担主编、统稿及初审等工作。书中 1,9,10,11 章由张学英修订;3,4 章由黄冈职业技术学院涂申清修订;2,5,6 章由河南城建学院陈金翠修订;7,8 章由河南城建学院李冰修订;12 章由河南城建学院郭华修订。

本书可作为工程造价管理专业及其他建筑管理类专业的教材,还可作为工程技术人员、工程管理人员、在职财会人员进行继续教育和业务培训的学习参考书。

在本书的编写过程中,得到了有关专家、学者的支持和帮助,参考了相关教材和文献资料,在此深表谢意。由于作者水平有限,书中不妥之处,恳请斧正。

编 者

2012 年 9 月

前言

（第 1 版）

随着我国改革开放的不断深化和社会主义经济体制的建立和完善，特别是随着我国加入 WTO，建筑业面临着经济全球化的严峻考验，迫切要求建筑企业在深化改革，建立现代化企业的过程中，逐步提高经营管理水平。建筑业是我国国民经济的重要产业，工程成本与控制是建筑企业经济管理的重要组成部分，做好工程成本核算，加强成本控制，对企业经济效益的提高，增强企业市场竞争能力，都是十分必要的。

本书以 2001 年财政部颁布的《企业会计制度》、2003 年财政部发布的《施工企业会计核算办法》、2006 年 2 月财政部发布的《企业会计准则》和 2006 年 12 月颁布的《企业财务通则》等最新法律法规为依据，以国家注册造价师考试内容和教育部发布的《工程造价专业教育标准和方案》为指导，结合各位编者多年的教学经验，按照基础理论适当够用，增强实用性和可操作性，培养高等技术应用型人才的教学要求，整合了教材，将基础会计知识（第 1 章）、工程成本核算（第 2—9 章）、工程成本管理（第 10—13 章）三大模块作为本课程的教学内容，与会计专业必修的工程技术经济、工程造价等课程相辅相成，体现出本书的会计核算与成本控制的课程特色。同时，本书中丰富的案例及复习思考题，增强了其实用性和可操作性，体现了高等职业教育培养应用型人才的教学特色和教学要求。

本书由平顶山工学院张学英、黄冈职业技术学院涂申清主编。书中第 9,10,11,12 章由张学英编写；第 3,4 章由涂申清编写；第 1 章由平顶山工学院张厚钧编写；第 2,5,6 章由平顶山学院文新惠编写；第 7,8 章由平顶山工学院李冰编写。

本书是工程造价管理专业专业教材，也可用作其他建筑管理类专业教材，还可作为工程技术人员、工程管理人员、在职财会人员进行继续教育和业务培训的学习参考书。

　　本书在编写过程中,得到了有关专家和学者的有力支持和帮助,参考了相关教材的文献资料,在此深表谢意。由于水平有限,书中不妥之处,恳请批评指正。

编　者

2008 年 1 月

目录

1 会计基础知识

本章导读

- **基本要求**　了解会计的概念、会计任务、会计核算方法、会计信息账务处理的程序、作用和方法;理解会计核算的基本假设、会计信息质量要求和复式记账法的特点;熟悉借贷记账法的基本原理、会计科目和会计账户分类、总分类账与明细分类账平行登记要点;掌握会计要素及会计等式、账户的性质、用途和结构、借贷记账法的理论基础、记账规则、会计分录的编制及应用、会计账簿的分类和错账的更正方法。
- **重点**　会计要素的确认、计量及要素之间的关系,会计核算的基本假设和会计信息质量要求,会计账簿的分类与错账的更正方法,借贷记账法的应用。
- **难点**　账簿的登记方法,借贷记账法的应用。

建筑企业会计的主要内容包括工程成本核算与成本控制,二者是会计的基本原理和基本方法在核算和监督工程成本中的具体运用。为了便于工程造价管理以及其他非会计专业学生学好本课程,首先对会计的基础知识作简要介绍。

1.1　概　述

· 1.1.1　会计的概念 ·

会计是以货币作为主要计量单位,核算和监督一个单位经济活动的一种经济管理工作。

会计产生于人们对经济活动进行管理的客观需要,随着经济管理的要求而发展,会计与经济的发展密切相关。人类要生存,社会要发展,就要进行物质资料的生产。生产行为同时也是生产的消费行为。生产的消费,除耗费自然资源外,都可归结为劳动的耗费,即劳动时间的耗费。人们进行生产活动时,总是力求在尽量少的劳动时间里创造出尽量丰富的物质财富。为了达到节约劳动耗费、提高经济效益的目的,人们必须对生产活动加强管理。这就需要对劳动耗费和劳动成果进行记录和计算,并将耗费与成果加以比较和分析,借以掌握生产活动的过程和结果。因此,会计是随着社会生产的发展和经济管理的要求而产生和发展的。经济愈发展,会计愈重要。在市场经济条件下,会计管理是经济管理的重要组成部分。

· 1.1.2　会计的职能 ·

会计的职能是会计在经济管理中所具有的功能。会计对经济活动的管理是通过核算和监督这两个基本职能实现的。

1）核算职能

核算职能又称反映职能，是通过确认、计量、记录和报告，从数量上反映单位已经发生或完成的经济活动，为经济管理提供经济信息的功能。会计的核算职能贯穿于会计管理活动的始终，是会计最基本的、第一位的职能。

2）监督职能

监督职能是按一定的目的和要求，利用会计核算所提供的经济信息，对各单位的经济活动进行控制，使之达到预期目标的功能。为使单位的经济活动按计划、有目标地进行，必须对经济活动进行控制。会计对经济活动的控制不是直接控制，而是利用会计核算所提供的经济信息，对单位实际经济活动的过程和结果脱离既定目标的偏差进行干预和纠正，使之不超出规定的范围，不脱离既定的目标。

会计核算和会计监督，两者相辅相成。会计核算是会计监督的基础，没有会计资料，会计监督就无从谈起。并且，只有具备正确的会计资料，会计监督才能有真实可靠的依据。而会计监督是会计核算的继续，只有搞好会计监督，保证经济活动按规定的要求进行，并且达到预期的目的，才能发挥会计核算的作用。

会计除具有核算和监督两项基本职能之外，还具有预测经济前景、参与经济决策、计划组织以及绩效评价等职能。随着生产力水平的不断提高、社会经济关系的日益复杂和管理理论的不断深化，会计所发挥的作用愈来愈重要，其职能也在不断丰富和发展，会计的职能将随着经济的发展而不断发展变化。

在运用会计进行经济管理时形成了各种专业会计。建筑企业会计就是适用于建筑企业的一种专业会计，它以货币为主要计量单位，采用专门的方法，对施工企业在施工生产经营过程中占用的财产物质和发生的劳动消耗进行系统的计算、记录、分析、报告和监督，并为有关方面提供财务状况和经营成果等经济信息的一种管理活动。

随着会计管理的发展与完善以及责任会计与目标成本管理在企业的应用，企业内部的责任会计体系也就应运而生。工程成本与控制就是运用于管理建筑企业生产活动的一种责任会计，其中心内容是工程成本的计算、考核、分析和控制。

· 1.1.3　会计的任务与方法 ·

1）会计的任务

会计的任务是指按照会计的职能和经济管理工作的需要，规定会计应该完成的工作和达到的要求。会计的任务随着不同历史时期人们对经济管理工作的具体要求而变化。现阶段，会计的具体任务表现在以下几个方面。

①正确地记录和反映经济活动情况，为经济管理工作提供必要的信息资料。通过会计核算，正确地反映资金运动情况，连续、系统、综合地对经济业务进行记录、计算和分析检查，及时提供全面系统的会计核算资料，以便有关部门和单位获得有用的经济信息。

②贯彻执行国家有关方针、政策、法令、制度,监督经济活动,维护财经纪律。按照经济管理的要求,对工程经济活动的合理性、合法性、有效性进行审核,对财务收支的执行是否符合财经纪律和财务制度进行监督,对工程的资金、成本、利润的运用和实现情况进行控制,对不法行为和违法收支进行制止,以达到维护国家和企业利益的目的。

③考核财务状况,加强经济核算,促进经济效益的提高。提高经济效益是企业生产活动的根本出发点。通过对各项财务指标的考核,从中发现问题,找出差距,挖掘增产节约的潜力,合理筹措和调度资金,以提高企业管理水平。

④预测工程项目经济前景,参与决策、控制和分析。会计依据会计核算提供的信息对工程的发展进行分析研究,预测工程经济活动的发展趋势和结果,并将预测的结果提供给计划和决策部门,作为修订工程计划和作出决策的依据,从而发挥会计参与工程决策、控制和分析的作用。

2)会计核算方法

会计核算方法是指履行会计职能,完成会计任务,实现会计目标、会计管理的方式与手段。会计核算方法一般包括设置账户、复式记账、填制和审核凭证、登记账簿、成本计算、财产清查和编制会计报表等7种方法。

(1)设置账户

设置账户是指对会计要素的具体内容进行归类、核算和监督的一种专门方法。会计要素的内容是复杂多样的,要对会计要素所包含的经济内容进行系统的核算和经常的监督,就需要对它们进行科学的分类,以便取得各种不同性质的核算指标。因此,对资产、负债、所有者权益、收入、费用、利润等会计要素都要分别设置一定的账户,进行归类、核算和监督,以便取得经营管理所需的核算指标。

(2)复式记账

复式记账是对每一项经济业务,以相等的金额,在两个或两个以上相互联系的账户中进行登记的一种专门方法。任何一项经济业务都会引起资金的增减变动或财务收支的变动。例如:从银行提取现金,一方面引起现金的增加,另一方面引起银行存款的减少;工程领用材料,一方面引起库存材料减少,另一方面引起生产消耗的材料费增加等。因此,应用复式记账法记账时,对每一项经济业务只有同时在两个或两个以上相互联系的账户中进行登记,才能全面反映各种经济活动之间的相互关系。

(3)填制和审核凭证

会计凭证是记录经济业务、明确经济责任的书面证明,是登记账簿的依据。填制和审核凭证是为了保证会计记录完整、可靠,审查经济活动是否合理合法而采用的一种专门方法。对每一项经济业务,都要取得或填制会计凭证,并加以审核,作为登记账簿的依据。通过凭证的填制和审核,可以提供既真实可靠,又合理合法的会计凭证,从而保证会计核算的质量。

(4)登记账簿

登记账簿就是在账簿中连续、完整、科学地记录和反映经济活动和财务收支的一种方法。登记账簿必须以凭证为依据,利用账户和复式记账的方法,把经济业务分门别类地登记到账簿中去,并定期进行结账和对账,为编制会计报表提供完整而系统的会计数据。

(5)成本计算

成本计算是按照一定的成本对象,对工程生产过程中所发生的成本、费用进行归集,以确定各对象的总成本和单位成本的一种专门方法。通过成本计算,可以核算和监督施工生产过程中所发生的费用,并据以确定工程盈亏。因此,做好成本计算工作,对于挖掘降低成本的潜力,加强成本管理,提高经济效益有着重要的意义。

(6)财产清查

财产清查是通过盘点实物,核对往来款项,以查明财产实有数的一种专门方法。为了保证会计记录的正确可靠,保证账实相符,必须定期或不定期地对各项财产物资、往来款项进行清查,如发现账实不符,应查明原因,明确责任,调整账面记录,使账调数与实存数一致。通过财产清查,可以查明各项财产物资的保管和使用是否合理,有无呆滞积压情况;债权债务的结算是否及时,有无长期拖欠的情况。因此,财产清查对于保证会计核算资料的正确、完整,加强财产的管理,挖掘物资潜力,加速资金周转有着重要作用。

(7)编制会计报表

编制会计报表是以书面报告的形式,定期总括反映生产经营活动的财务状况和经营成果的一种专门方法。会计报表主要是根据账簿记录,经过加工整理而产生的一套完整的指标体系。会计报表所提供的各项指标,是企业经济活动中最重要的财务信息。编制会计报表,无论对于企业的经营决策或理财决策,还是对于有关各方面了解企业财务状况和经营成果都是十分必要的。

上述会计核算的各种专门方法,是一个完整的方法体系。为了科学地组织会计核算,实行日常的会计监督,必须全面地、互相联系地应用这些专门方法。也就是说,对于日常所发生的各项经济业务,都要填制和审核凭证,按照规定的账户,运用复式记账法记入有关账簿,对于经营过程中发生的各项费用,应当进行成本计算;一定时期终了,通过财产清查,在账证相符、账账相符、账实相符的基础上,根据账簿记录,编制会计报表。

· 1.1.4 会计核算的基本前提 ·

会计核算的基本前提又称会计假设,是指组织会计核算工作存在的前提条件,是对会计领域中某些不确定因素所作的合乎常理的判断。会计核算的基本前提一般包括会计主体、持续经营、会计分期、货币计量等,这是会计核算原则的基础。

1)会计主体

会计主体前提是指会计反映的是一个特定单位的经营活动,而不包括投资者本人的经济业务或其他经营单位的经营活动。

会计主体前提的意义在于划清企业所有者财产、企业经营活动与企业所有者个人的活动以及与其他会计主体的界限,使企业在会计核算上作为一个独立核算单位。具体地说,会计主体前提要求每一个经济实体,在处理一切会计实务时,均居于自身的立场去做,从而使它产生的会计信息能反映其本身的财务状况或经营成果,而不受所有权关系或非相关因素的影响。会计主体前提明确了会计工作的空间范围。

2)持续经营

持续经营前提是指会计核算应以持续、正常的生产经营活动为前提,而不考虑企业是否破产清算。连续性是现代化大生产的特征,作为社会生产表现形式的社会价值运动也应是连续的。但具体到微观,实际上很少有企业能够永久不变地经营下去。企业经营多久不完全以人的主观意志为转移。然而从会计实务处理的角度看,除非有充分的相反理由,否则为了解决资产估价和费用跨期分摊问题,在会计上就必须假定企业将会长期地以它现有的目标和现时形态持续不断地经营下去,足以完成现有的经营目标而不至于结束。资产将按原定用途在正常的经营过程中去使用,负债到期将予以偿付,债权也将及时收回。持续经营前提为资产计量和收益确认奠定了基础,提供了理论依据。同时,该前提为企业会计核算中全部方法的选用和核算程序的设计界定了时间范围。

3)会计分期

会计分期前提是指把企业持续不断的经营活动过程,划分为较短的会计期间,以便分期结算账目,按期编制报表。会计分期前提是持续经营前提的一个必要的补充,即对会计工作时间范围的具体划分。如果假定一个会计主体因持续经营而无限期,为了使信息使用者及时了解与他们决策有用的会计信息,就必须在逻辑上为会计信息的提供规定期限,以便按期提出会计信息使用者所需的有关财务状况和经营成果等方面的信息。

会计期间一般按照日历时间划分,分为年度、半年度、季度、月度。会计期间的起止均按公历起讫日期确定(会计年度是从每年的 1 月 1 日始,12 月 31 日止)。半年度、季度和月度均称为会计中期。

4)货币计量

货币计量是指会计主体在会计核算过程中采用货币作为计量单位,记录、反映会计主体的经营情况。

在货币计量前提下,企业的会计核算应以人民币为记账本位币。业务收支以人民币以外的货币为主的企业,可以选定其中一种货币作为记账本位币,但是编报的财务会计报告应当折算为人民币。

在会计核算过程中之所以选择货币作为计量单位,是由货币本身的属性决定的。货币是商品的一般等价物,是衡量一般商品价值的共同尺度,具有价值尺度、流通手段、储藏手段和支付手段等特点。其他的计量单位,如质量、长度、容积、台、件等,均不能反映会计的价值属性。

为了避免货币本身价值不稳定的因素,货币计量前提实质上也界定了货币计量单位在会计核算中的使用范围,即只有在币值稳定的条件下,才按该种条件下的货币加以计量。否则通胀率过高直接按货币计量得出的信息不能正确反映企业财务状况和经营成果信息,无法满足信息使用者的需要。

· 1.1.5　会计信息质量要求 ·

会计信息质量要求是对企业财务报告中所提供会计信息质量的基本要求,是处理具体会计业务的基本依据,是使财务报告中所提供会计信息对使用者决策有用所应具备的基本特征。我国《企业会计准则——基本准则》中规定,对会计信息质量要求包括可靠性、相关性、可理解性、可比性、及时性、实质重于形式、谨慎性和重要性等方面。

1)可靠性原则

可靠性原则要求企业应当以实际发生的交易或事项为依据进行会计确认、计量和报告,如实反映符合确认和计量要求的各项会计要素及其他相关信息,保证会计信息真实可靠、内容完整。

2）相关性原则

相关性原则是指会计核算提供的会计信息应能同时满足有关各方面的需要。如应当符合国家宏观经济管理的要求，既满足企业内部加强经营管理的需要，也满足其他有关各方了解企业财务状况和经营成果的需要。只有这样，才能充分发挥会计信息的作用。如果提供的会计信息只是一般地反映财务状况，而没有满足会计信息使用者的需要，对会计信息使用者的决策没有什么作用，就不具有相关性。

3）可理解性原则

可理解性要求企业提供的会计信息应当清晰明了，便于财务报告使用者理解和使用。

施工企业编制财务报告、提供会计信息的目的在于使用，而要让使用者更为有效地使用会计信息，应当能让其了解会计信息的内涵，弄懂会计信息的内容，这就要求财务报告所提供的会计信息应当清晰明了，易于理解。

4）可比性原则

可比性原则是指要求不同的企业采用统一规定的会计处理方法进行会计核算，从而提供相同口径的会计指标，便于相互比较，以满足国民经济宏观调控的需要。

5）及时性原则

及时性原则是指应当按照规定的时间，及时提供信息，以满足有关方面管理的需要，从而充分发挥会计信息应有的作用。为此，应及时收集、加工处理和传递会计信息，以提高会计信息的时效性。

6）实质重于形式原则

实质重于形式原则要求企业按照经济业务实质进行会计核算，而不应当仅仅按照它们的法律形式作为会计核算的依据。在实际工作中，经济业务的外在法律形式并不总能完全真实地反映其实质内容，因此，会计信息要想反映其拟反映的经济业务，就必须根据经济业务的实质和现实，而不能仅仅根据它们的法律形式进行核算和反映。

例如，以融资租赁方式租入的资产，虽然从法律形式来讲企业并不拥有其所有权，但是由于租赁合同中规定的租赁期相当长，接近于该资产的使用寿命，租赁期结束时承租企业有优先购买该资产的选择权，在租赁期内承租企业有权支配资产并从中受益，因此，以其经济实质来看，企业能够控制其创造的未来经济利益，会计核算上将以融资租赁方式租入的资产视为企业的资产。

7）谨慎性原则

谨慎性原则要求企业在进行会计核算时，不得多计资产或收益，少计负债或费用。在会计核算工作中坚持谨慎性原则，要求在面临不确定因素的情况下作出职业判断时，应当保持必要的谨慎，不高估资产或收益，也不低估负债或费用。例如，要求企业定期或者至少于每年年度终了，对可能发生的各项资产损失计提资产减值准备等，就充分体现了谨慎性原则。

8）重要性原则

重要性原则要求在会计核算过程中对交易或事项应当区别其重要程度，采用不同核算方式。对资产、负债、损益等有较大影响，并进而影响财务报告使用者据以作出合理判断的重要会计事项，必须按照规定的会计方法和程序进行处理，并在财务会计报告中予以充分、准确的披露。对于次要的会计事项,在不影响会计信息真实性和不至于误导会计报告使用者作出正确判断的前提下,可适当简化处理。

1.2 会计要素与会计等式

·1.2.1 会计要素·

会计要素是对会计对象具体内容按经济特征所作的基本分类。会计要素是与会计对象紧密相关的一个概念。会计对象是各单位在社会再生产过程中可以用货币表现的经济活动。会计为了进行分类核算,提供分门别类的各种会计信息,客观上应对会计对象具体内容进行适当的分类。确认和定义会计要素不仅有利于依据各个要素的性质和特点分别制订对其进行记录、计量、报告的标准和方法,而且可以为合理建立会计科目体系、设计财务报表提供基本框架结构。

我国《企业会计制度》将会计要素分为6项:资产、负债、所有者权益、收入、费用及利润。

会计要素按其与财务报表的关系可分为两大类:一是与资产负债表中财务状况的计量直接联系的要素,有资产、负债和所有者权益;二是与利润表中经营成果的计量直接联系的要素,有收入、费用和利润。

1)反映财务状况的会计要素

(1)资产

资产是指过去的交易、事项形成并由企业拥有或者控制的资源,该资源预期会给企业带来经济利益。资产按其流动性质可以分为流动资产和非流动资产两大类。

①流动资产:是指可以在一年内或者超过一年的一个营业周期内变现或者耗用的资产,包括现金及各种存款、短期借款、应收及预付款项、存货等。

②非流动资产:是指凡不符合流动资产条件的资产,包括长期投资、固定资产、无形资产和其他资产。

(2)负债

负债是指过去的交易、事项形成的现时义务,履行该义务预期会导致经济利益流出企业。负债按偿还期长短可以分为流动负债和长期负债两大类。

①流动负债:是指将在一年或者超过一年的一个营业周期内偿还的债务,包括短期借款、应付账款、应付职工薪酬、应交税费等。

②长期负债:是指偿还期在一年或者超过一年的一个营业周期以上的债务,包括长期借款、应付债券、长期应付款项等。

(3)所有者权益

所有者权益是指所有者在企业资产中享有的经济利益。在数量上,它等于企业的全部资产减去全部负债后的余额。所有者权益又称股东权益,包括以下四项具体内容:

①实收资本:是指投资者投入企业的资本。按投资者不同,投入资本可分为国家、法人、个人和外商4类。在企业经营期间,投资者对投入资本除依法转让外,不得以任何方式抽走。

②资本公积金:资本公积金包括资本(或股本)溢价、其他资本公积金等。

③盈余公积金:是指按照国家有关规定从利润中提取的公积金,分为法定盈余公积金和任意盈余公积金。

④未分配利润:是指企业留于以后年度分配的利润或待分配利润。企业亏损也以"-"在此项目中反映。

2)反映经营成果的会计要素

(1)收入

收入是企业在销售商品、提供劳务及让渡资产使用权等日常活动中所形成的经济利益的总流入。收入不包括为第三方客户代收的款项。按照日常活动在企业所处的地位,收入可分为主营业收入和其他收入。

①主营业务收入:是指从企业的主要经营业务活动中取得的收入,如建筑企业的合同收入、工商企业的销售商品收入等。

②其他业务收入:是指从主营业务以外其他业务中取得的收入,如施工企业销售材料、提供工业性劳务等。

(2)费用

费用是指企业为销售商品、提供劳务和让渡资产使用权等日常活动中所发生的经济利益的流出。按照费用与收入的关系,费用可以分为营业成本和期间费用。

①营业成本:是指所销售商品、提供劳务及让渡资产使用权的成本。营业成本按照其所销售商品、提供劳务及让渡资产使用权等在企业日常活动中所处的地位,可以分为主营业务成本和其他业务成本。

②期间费用:是指费用发生时直接计入当期损益的费用,包括管理费用、销售费用和财务费用。

(3)利润

利润是指企业在一定期间的经营成果,包括收入减去费用后的净额、直接计入当期利润的利得和损失等。它通常用来作为企业经营业绩的评价指标,也可以作为计算其他指标(如投资报酬率等)的基础。

直接计入当期利润的利得和损失,是指应当计入当期损益、会导致所有者权益增减变动的、与所有者投入资本或者向所有者分配利润无关的利得或者损失。利润金额取决于收入和费用、直接计入当期利润的利得和损失等金额的大小。

· 1.2.2 会计等式 ·

1)资产 = 负债 + 所有者权益

会计要素是对会计对象按经济特征所作的最基本分类。各项会计要素之间存在着一定的数量关系。

任何企业为了实现其经营目标,都要拥有一定数量的资产。形成企业资产的资金来自两个方面:一是负债;二是投资人的投资及其增值。因而,债权人和投资人都对企业的资产拥有要求权。这种对企业资产要求权,在会计上总称为权益。权益中属于债权人的部分,即为债权人权益,通常称为负债;属于投资人的部分,称为所有者权益。

从数量上看,有一定数额的资产,就有一定数额的权益;反之,有一定数额的权益,也必然有一定数额的资产。也就是说,一个企业的资产总额与权益总额必然相等。资产与权益之间这种数量上的平衡关系,可以用下面的等式表示:

$$资产 = 负债 + 所有者权益$$

该等式称为会计恒等式,也称会计基本等式、会计等式或会计方程式,它直接反映出资产负债表中资产、负债及所有者权益三要素之间的内在联系和数量关系,高度概括了企业在一定时点上的财务状况,是复式记账、会计核算和会计报表的基础。

2)利润 = 收入 - 费用

企业的目标是从生产经营活动中获取收入,实现盈利。企业为获得收入,必然发生相应的费用。收入与费用相比较,才能计算确定企业在一定期间实现的损益总额。利润与收入、费用之间存在如下关系:

$$收入 - 费用 = 利润$$

这一等式表明一定期间收入、费用与经营成果的关系,它是编制利润表的理论依据。

这 3 个要素的变化,会引起企业资产和所有者权益的变化。因为收入会增加企业资产或减少企业负债,费用会使资产因消耗而减少或使企业负债增加。如果收入大于费用,则使企业净资产增加;反之,则使企业净资产减少。在某一时点,企业资产增减变化的结果包含于基本会计等式左边的资产中,企业负债的增减变化及所有者权益的变动包含于基本会计等式的左边。将"收入 - 费用 = 利润"等式代入基本会计等式,则可以得出扩展会计等式如下:

$$资产 = 负债 + (所有者权益 + 利润) = 负债 + (所有者权益 + 收入 - 费用)$$

经过移项后得如下扩展的会计等式为:

$$资产 + 费用 = 负债 + 所有者权益 + 收入$$

这一等式表明了会计主体的财务状况与经营成果之间的相互联系。发生收入和费用变动的经济业务,会引起会计等式中各个会计要素的增减变动,但不会破坏会计等式的平衡。

1.3 会计科目与会计账户

· 1.3.1 会计科目 ·

1)会计科目的概念

会计科目,简称"科目"。它是对会计要素,按其经济内容或用途进行科学分类的类别名称,亦即账户的名称。会计对象的具体内容各有不同,管理要求也有不同,为了全面、系统、分类地反映和监督各项经济业务的发生情况,以及由此而引起的会计要素的增减变动,就有必要按照会计要素的各项具体内容分别设置会计科目。

2)会计科目的分类

为了正确地掌握和运用会计科目,可以按照下列标准对会计科目进行适当的分类。

(1)按经济内容分类

会计科目按经济内容分类是主要的、基本的分类。以企业会计为例,会计科目按其所反映的经济内容,可以划分为资产类科目、负债类科目、共同类所有者权益类科目、成本类科目和损益类科目5大类。

（2）按隶属关系分类

会计科目按其隶属关系分类，可分为总账科目、子目和细目。总账科目又称一级科目，它是反映各种经济业务的概括情况。会计科目表中所列示会计科目均为总分类科目。因各行业有自己的特殊情况，所以科目设置不尽相同，表1.1列示了企业常用的会计科目。

子目又称为二级科目，它是对总账科目作进一步的分类。

细目是对子目进一步的分类。

表1.1 企业常用会计科目表

序号	编号	会计科目名称	序号	编号	会计科目名称	序号	编号	会计科目名称
一、资产类			一、资产类（续）			二、负债类（续）		
1	1001	库存现金	26	1521	投资性房地产	51	2241	其他应付款
2	1002	银行存款	27	1531	长期应收款	52	2401	递延收益
3	1101	交易性金融资产	28	1532	未实现融资收益	53	2501	长期借款
4	1121	应收票据	29	1541	存出资本保证金	54	2502	应付债券
5	1122	应收账款	30	1601	固定资产	55	2701	长期应付款
6	1123	预付账款	31	1602	累计折旧	56	2702	未确认融资费用
7	1131	应收股利	32	1603	固定资产减值准备	57	2711	专项应付款
8	1132	应收利息	33	1604	在建工程	58	2801	预计负债
9	1221	其他应收款	34	1605	工程物资	59	2901	递延所得税负债
10	1231	坏账准备	35	1606	固定资产清理	三、共同类		
11	1401	材料采购	36	1701	无形资产	60	3101	衍生工具
12	1402	在途物资	38	1702	累计摊销	61	3201	套期工具
13	1403	原材料	39	1711	商誉	62	3202	被套期项目
14	1404	材料成本差异	40	1801	长期待摊费用	四、所有者权益类		
15	1405	库存商品	41	1811	递延所得税资产	63	4001	实收资本
16	1406	发出商品	42	1901	待处理财产损益	64	4002	资本公积
17	1407	商品进销差价	二、负债类			65	4101	盈余公积
18	1408	委托加工物资	43	2001	短期借款	66	4103	本年利润
19	1410	低值易耗品	44	2201	应付票据	67	4104	利润分配
20	1411	周转材料	45	2202	应付账款	68	4201	库存股
21	1471	存货跌价准备	46	2203	预收账款	五、成本类		
22	1501	持有至到期投资	47	2211	应付职工薪酬	69	5001	生产成本
23	1502	持有至到期投资减值准备	48	2221	应交税费	70	5101	制造费用
24	1511	长期股权投资	49	2231	应付利息	71	5201	劳务成本
25	1512	长期股权投资减值准备	50	2232	应付股利	72	5301	研发支出

序号	编号	会计科目名称	序号	编号	会计科目名称	序号	编号	会计科目名称
五、成本类（续）			六、损益类（续）			六、损益类（续）		
73	5401	工程施工	80	6061	汇兑收益	88	6421	手续费及佣金支出
74	5402	工程结算	81	6101	公允价值变动损益	89	6601	销售费用
75	5403	机械作业	82	6111	投资收益	90	6602	管理费用
六、损益类			83	6301	营业外收入	91	6603	财务费用
76	6001	主营业务收入	84	6401	主营业务成本	92	6701	资产减值损失
77	6011	利息收入	85	6402	其他业务成本	93	6711	营业外支出
78	6041	租赁收入	86	6403	税金及附加	94	6801	所得税费用
79	6051	其他业务收入	87	6411	利息支出	95	6901	以前年度损益

在会计实务中，除少数总分类科目，如"库存现金""银行存款""累计折旧"等科目，不必设置明细分类科目外，大多数都要设置明细分类科目，如"原材料"科目是属于总账科目，在总账科目中分为"原料及主要材料""辅助材料""外购半成品""修理用备件""包装物""燃料"等子目。现以"原材料"科目为例，进一步说明总分类科目与明细分类科目之间的关系，如表1.2所示。

表1.2　原材料

总分类科目 （一级科目）	明细分类科目	
	二级科目（子目）	明细科目（细目）
原材料	原料及主要材料	圆钢
		碳钢
	辅助材料	油漆
		润滑油
	燃料	汽油
		烟煤

·1.3.2　账户的设置·

1）设置账户的必要性

账户是根据会计科目在账簿中开设的，具有一定格式的记账实体。会计科目只是对会计对象具体内容进行分类核算的项目，为了提供企业内部经营管理和外部有关方面所需要的各种核算资料，还必须根据规定的会计科目在账簿中开设账户，对各项经济业务进行分类、系统、连续的记录。

2）账户的基本结构

由经济业务所引起的各项会计要素的变动，从数量上看不外乎是增加和减少两种情况，因此,用来分类记录经济业务的账户,在结构上也相应地分为两个基本部分,用以分别记录各项会计要素增加和减少的数额。账户的基本结构,通常划分为左右两方,每方再根据实际需要分为若干栏次,用以登记有关资料。账户的格式可以多种多样,但账户的基本结构一般应包含下列内容:账户的名称(即会计科目)、日期和摘要(概括说明经济业务的内容)、增加和减少的金额、凭证号数(说明账户记录的依据)。一般账户的格式如表 1.3 所示。

表 1.3　账户名称(会计科目)

日　期	凭证号数	摘　要	金　额	日　期	凭证号数	摘　要	金　额

上列账户格式所包括的内容是账户的基本结构。这种账户格式是手工记账经常采用的格式。在采用计算机记账的情况下,尽管账户的格式不明显,但仍然要按上列格式的内容,提供有关核算资料。

上列账户左右两方的金额栏,其中一方记录增加额,一方记录减少额。增减金额相抵后的差额称为账户的余额。因此,在账户中所记录的金额,可以分为期初余额、本期增加额、本期减少额和期末余额。这 4 项金额的关系,可以用下列关系式表示:

期末余额 = 期初余额 + 本期增加额 - 本期减少额

每个账户的本期增加额和本期减少额都应分别记入各账户左右两方的金额栏,以便于分别计算发生的增、减额和余额。如果在右方记增加额,则应在左方记减少额,余额必在右方。

为了便于说明,可将上列账户左右两方略去有关栏次,用简化的账户格式表示,如表 1.4 所示。

表 1.4　账户名称(会计科目)

由于这种格式很像英文字母"T",所以称为 T 字形账户。至于账户左右两方,用哪一方登记增加额,用哪一方登记减少额,则取决于所采用的记账方法和各账户所记录的经济业务内容,这将在下一节内容里介绍。

1.4　复式记账

· 1.4.1　复式记账法 ·

所谓复式记账,就是对任何一项经济业务,都必须用相等的金额在两个或两个以上的有关账户中相互联系地进行登记的记账方法。

复式记账是以一个企业的资产总额与权益总额相等的平衡关系,作为反映生产经营活动的记账基础,使记账有一个完整的计算和反映体系,在记录上有着相互联系的关系,从而对企业经济活动能够起全面控制的作用。复式记账的建立和使用,使企业经济活动的核算和监督更完备、更科学。

下面以一个简单的例子来说明复式记账的基本原理。

例如,某施工企业购置一台新设备,以银行存款 10 000 元支付价款。这项经济业务的发生,一方面使企业的固定资产增加了 10 000 元,另一方面使企业的银行存款减少了 10 000 元(不考虑增值税)。因此,这项业务涉及"固定资产"和"银行存款"两个账户,固定资产的增加是资产的增加,应在"固定资产"账户上登记增加 10 000 元;银行存款的减少是资产的减少,应在"银行存款"账户上登记减少 10 000 元。

采用这种方法,可以了解每一项经济业务的来龙去脉,在把全部的经营业务都相互联系地登记入账以后,可以通过账户记录完整、系统地反映经济活动的过程和结果。由于对每一项经济业务都以相等的金额进行分类记账,因而对记录的结果,可以进行试算平衡,以检查账户记录是否正确。

复式记账法在会计核算方法体系中占有重要的地位,在日常的会计核算工作中,从编制会计凭证到登记账簿,都要用到复式记账。

· 1.4.2　借贷账记账法 ·

1)借贷记账法下的账户结构

借贷记账法是一种复式记账,是以"借""贷"作为记账符号,对任何一笔经济业务,都必须用借、贷相等的金额在两个或两个以上的有关账户中相互联系地进行登记的一种复式记账法。

要掌握借贷记账法,应当了解账户的结构以及账户所反映的经济内容,才能正确地运用记账规则进行记账。

在借贷记账法下,任何账户都分为借方和贷方两个基本部分,通常左方为借方,右方为贷方。账户的一般格式可用 T 字形账户的形式表示,如表 1.5 所示。

表 1.5　账户名称(会计科目)

借方	贷方

在借贷记账法下,账户的借方和贷方分别用来反映金额的相反变化,即一方登记增加额,另一方登记减少额,至于哪一方登记增加额,哪一方登记减少额,这取决于账户所反映的经济内容。

根据"资产 = 权益"的等式,可以将全部账户根据其记录的经济内容分为资产账户和权益账户两大类。由于权益包括负债和所有者权益,根据"资产 = 负债 + 所有者权益"的会计恒等式,权益账户应包括负债账户和所有者权益账户。

企业取得收入和发生费用,最终会导致所有者权益发生变化。根据"资产 = 负债 + 所有者权益 + 收入 - 费用"的会计恒等式,收入的增加可以视同为所有者权益的增加,费用的增加则可以视同为所有者权益的减少。这就决定了收入类账户的结构应与所有者权益类账户保持一致,费用类账户的结构与所有者权益类账户的结构相反,而与资产类账户的结构保持一致。

因此,根据"资产 + 费用 = 负债 + 所有者权益 + 收入"的会计恒等式,属于资产类账户结构的包括资产类账户、成本费用类账户;属于权益账户结构的包括负债类账户、所有者权益类账户和收入类账户。

资产和权益两大类账户的结构是相反的。在借贷记账法下,账户如有余额,则账户余额的方向表示账户的性质,即借方余额说明账户属于资产类,贷方余额说明账户属于权益类。这是借贷记账法的一个特点。对于某些反映双重性质业务的账户,则可以根据其余额来判断账户的性质。

根据以上对各账户结构的说明,可以将账户借方和贷方所记录的经济内容加以归纳,如表1.6所示。

表1.6 账户名称(会计科目)

借方	贷方
资产的增加	资产的减少
成本费用的增加	成本费用的减少(结转)
负债的减少	负债的增加
所有者权益的减少	所有者权益的增加
收入的减少(结转)	收入的增加

2)借贷记账法的记账规则

记账规则是指采用复式记账方法在账户中记录经济业务的基本规律,它是会计账务处理必须遵循的规则。"有借必有贷,借贷必相等"。在采用借贷记账法时,对于每一项经济业务,都要以相等的金额,按借贷相反的方向,在两个或两个以上相互联系的账户中进行连续、分类的记录。现举例说明借贷记账法的记账规则。

【例1.1】 从银行存款中提取现金800元备用。

这项经济业务的发生,引起一项资产"银行存款"的减少,应记入该账户的贷方,另一方面,资产"库存现金"的增加,应以相等的金额记入该账户的借方。这项经济业务登账的结果如表1.7所示。

表1.7

借方	银行存款	贷方		借方	库存现金	贷方
期初余额 200 000				期初余额	5 000	
	(1)	800	←→	(1)	800	

【例1.2】 向银行借款20 000元偿还前欠外单位货款。

这项经济业务的发生,引起负债"短期借款"的增加,应记入该账户的贷方,同时引起负债"应付账款"的减少,应以相等的金额记入该账户的借方。登账的结果如表1.8所示。

表 1.8

借方	短期借款	贷方			借方	应付账款	贷方
期初余额 30 000							期初余额 60 000
	(2)	20 000	←→		(2)	20 000	

【例 1.3】 从外单位赊购一批材料,金额 9 000 元。

这项经济业务的发生,引起资产"原材料"的增加,应记入该账户的借方;同时引起负债"应付账款"的增加,应以相等的金额记入该账户的贷方。登账的结果如表 1.9 所示。

表 1.9

借方	应付账款	贷方		借方	原材料	贷方
(2) 20 000	期初余额	60 000		期初余额 625 000		
	(3)	10 530	←→	(3) 9 000		

	应交税费——应交增值税	
(3) 1 530		

【例 1.4】 以银行存款 10 530 元偿还前欠货款。

这项经济业务的发生,引起资产"银行存款"的减少,应记入该账户的贷方;同时引起负债"应付账款"减少,应以相同的金额记入该账户的借方。登账的结果如表 1.10 所示。

表 1.10

借方	银行存款	贷方		借方	应付账款	贷方
期初余额 20 000						期初余额 60 000
	(1)	800	←→	(2) 20 000	(3)	10 530
	(4)	9 000		(4) 10 530		

上述例题中的 4 项经济业务,运用借贷记账法的结果归纳如图 1.1 所示。

3)会计分录

按照账务处理程序,在账户中记录任何一项经济业务,都必须以记账凭证为依据。为了保证记账的正确性,在将经济业务记入账户之前,应当先根据经济业务所涉及的账户及其记账的借贷方向和金额,编制会计分录。

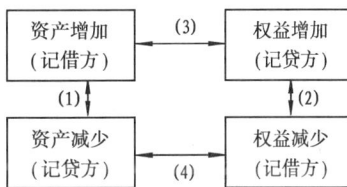

图 1.1 记账规则图解

会计分录是指用来确定每项经济业务应借应贷账户的名称、方向以及金额的会计记录。

现仍以上面的 4 笔经济业务为例,说明会计分录的编制方法。

(1)从银行存款中提取现金 800 元备用。编制会计分录如下:

借:库存现金   800

 贷:银行存款   800

（2）向银行借款 20 000 元偿还前欠贷款。编制会计分录如下：

借：应付账款   20 000

   贷：短期借款   20 000

（3）从外单位赊购一批材料，金额为 9 000 元。编制会计分录如下：

借：原材料   9 000

   应交税费——应交增值税（进项税额）   1 530

     贷：应付账款   10 530

（4）以银行存款 10 530 元偿还前欠贷款。编制会计分录如下：

借：应付账款   10 530

   贷：银行存款   10 530

以上所举会计分录都是以一个账户的借方与另一个账户的贷方相对应组成的，这种会计分录称为简单会计分录。简单会计分录只涉及两个会计账户。

有些会计分录是一个账户的借方与另外几个账户的贷方，或者以一个账户的贷方与另外几个账户的借方相对应组成的。这种会计分录称为复合会计分录。复合会计分录涉及两个以上的账户。

【例 1.5】 某企业销售一批产品，价款为 600 000 元，其中 500 000 元已收到并存入银行，余下的 202 000 元货税款尚未收到。编制会计分录如下：

借：银行存款   500 000

   应收账款   202 000

     贷：主营业务收入   600 000

       应交税费——应交增值税（销项税额）   102 000

上例复合会计分录是由以下两个简单会计分录组成的：

（1）借：银行存款   500 000

     贷：主营业务收入   500 000

（2）借：应收账款   202 000

   贷：主营业务收入   100 000

   应交税费——应交增值税（销项税额）   102 000

编制复合会计分录，既可以集中反映某项经济业务的全面情况，又可以简化记账手续。但是，一般情况下，不能把不同类型的经济业务合并编制多借多贷的会计分录，因为从多借多贷的会计分录中很难看出账户的对应关系，从而无法了解经济业务的实际情况。

4）借贷记账法的试算平衡

借贷复式记账法试算平衡是运用借贷记账规则和会计等式的原理检查验证各个账户记录是否正确的一种方法。借贷记账法下的平衡原理主要有发生额平衡和余额平衡两种。

（1）发生额平衡

发生额平衡指一定时期内全部账户借方发生额合计等于该时期内全部账户贷方发生额合计。这是由"有借必有贷，借贷必相等"的记账规则决定的。因为每一项经济业务所记入账户的借方金额等于贷方金额，那么一个时期内的全部经济业务，不管记入什么账户，其借方金额之和必然等于贷方金额之和。发生额平衡关系可用公式表示如下：

$$借方本期发生额合计 = 贷方本期发生额合计$$

（2）余额平衡

余额平衡指一个时期期末全部账户借方余额合计等于该期末全部账户贷方余额合计。这是由"资产＝权益"的会计等式决定的。因为期末全部账户借方余额合计即资产总额，全部账户贷方余额合计即权益总额，这两个总额必然相等。余额平衡关系可用公式表示如下：

全部账户期末借方余额合计＝全部账户期末贷方余额合计

借贷记账法可运用发生额平衡和余额平衡，通过编制"总分类账户本期发生额及余额表"来试算平衡。下面举例说明如何试算平衡：

假设某企业为一般纳税人，某月各账户的期初余额如表 1.11 所示。

表 1.11　会计账户余额表　　　　　　　　　　　　　　　　　　单位:元

账户名称	借方金额	贷方金额	账户名称	借方金额	贷方金额
库存现金	500		低值易耗品	103 600	
银行存款	200 000				
应收账款	100 000		短期借款		300 000
其他应收款	12 000		预收账款		400 000
固定资产	850 000		应付账款		60 000
累计折旧		130 000			
原材料	625 000		实收资本		904 500
			本年利润		113 700
生产成本	12 600		合　计	1 908 200	1 908 200

本月发生的经济业务，除前列举的 4 笔外，还有以下业务：

【例 1.6】　预收某单位购货款 600 000 元，款已存入银行。会计分录如下：

借：银行存款　　　　　　　　　　　　　　　　　　　　600 000

　　贷：预收账款　　　　　　　　　　　　　　　　　　　　600 000

【例 1.7】　以 30 000 元购入物资一批，其中材料 18 000 元，低值易耗品 12 000 元。会计分录为：

借：原材料　　　　　　　　　　　　　　　　　　　　　18 000

　　低值易耗品　　　　　　　　　　　　　　　　　　　12 000

　　应交税费——应交增值税（进项税额）　　　　　　　　5 100

　　贷：银行存款　　　　　　　　　　　　　　　　　　　　35 100

【例 1.8】　以银行存款 15 000 元购入机械设备一台。会计分录为：

借：固定资产　　　　　　　　　　　　　　　　　　　　15 000

　　应交税费——应交增值税（进项税额）　　　　　　　　2 550

注：会计账目表格中，由于有些账表分列多项，不便逐一标注单位，因此本书表格中未注明单位"金额"时均默认单位为"元"。

　　　　贷:银行存款　　　　　　　　　　　　　　　　　　　　　17 500

【例1.9】　根据企业"工资分配表"应付产品生产人员工资170 000元。会计分录为:

借:生产成本　　　　　　　　　　　　　　　　　　　170 000

　　贷:应付职工薪酬——应付工资　　　　　　　　　　　170 000

【例1.10】　购进材料一批,已入库,料款90 000元及税费暂欠。会计分录为:

借:原材料　　　　　　　　　　　　　　　　　　　　90 000

　　应交税费——应交增值税(进项税额)　　　　　　　15 300

　　贷:应付账款　　　　　　　　　　　　　　　　　　105 300

【例1.11】　企业收到某公司投资的一台全新设备,价值50 000元。会计分录为:

借:固定资产　　　　　　　　　　　　　　　　　　　500 000

　　应交税费——应交增值税(进项税额)　　　　　　　85 000

　　贷:实收资本　　　　　　　　　　　　　　　　　　585 000

【例1.12】　根据企业"职工福利费计提分配表",计提产品生产人员福利费23 800元。会计分录如下:

借:生产成本　　　　　　　　　　　　　　　　　　　23 800

　　贷:应付职工薪酬——应付福利费　　　　　　　　　　23 800

【例1.13】　结转本月产品销售收入600 000元。会计分录如下:

借:主营业务收入　　　　　　　　　　　　　　　　　600 000

　　贷:本年利润　　　　　　　　　　　　　　　　　　600 000

【例1.14】　结转本月完工产品成本200 000元。会计分录如下:

借:库存商品　　　　　　　　　　　　　　　　　　　200 000

　　贷:生产成本　　　　　　　　　　　　　　　　　　200 000

【例1.15】　结转本月已售产品成本198 560元。会计分录如下:

借:主营业务成本　　　　　　　　　　　　　　　　　198 560

　　贷:库存商品　　　　　　　　　　　　　　　　　　198 560

同时

借:本年利润　　　　　　　　　　　　　　　　　　　198 560

　　贷:主营业务成本　　　　　　　　　　　　　　　　198 560

根据以上会计分录,在有关账户中登记结果如表1.12所示。

表1.12

借方	库存现金	贷方
期初余额	5 000	
(1)	800	
本期发生额	800	
期末余额	5 800	

借方	银行存款		贷方
期初余额	200 000	(1)	800
(5)	500 000	(4)	10 530
(6)	600 000	(7)	35 100
		(8)	17 550
本期发生额 1 100 000		本期发生额	63 980
期末余额	1 236 020		

借方	应收账款	贷方
期初余额	100 000	
(5)	202 000	
本期发生额	202 000	
期末余额	302 000	

借方	其他应收款	贷方
期初余额	12 000	
期末余额	12 000	

借方	固定资产	贷方
期初余额	850 000	
(8)	15 000	
(11)	500 000	
本期发生额	515 000	
期末余额	1 365 000	

借方	累计折旧	贷方
	期初余额	130 000
	期末余额	130 000

借方	原材料	贷方
期初余额	625 000	
(3)	9 000	
(7)	18 000	
(10)	90 000	
本期发生额	117 000	
期末余额	742 000	

借方	生产成本	贷方	
期初余额	12 600	(14)	200 000
(9)	170 000		
(12)	23 800		
本期发生额	193 800	本期发生额	200 000
期末余额	6 400		

借方	应付职工薪酬	贷方	
		(9)	193 800
		本期发生额	193 800
		期末余额	193 800

借方	主营业务成本	贷方	
(15)	198 560	(15)	198 560
本期发生额	198 560	本期发生额	198 560

借方	低值易耗品	贷方
期初余额	103 600	
(7)	12 000	
本期发生额	12 000	
期末余额	115 600	

借方	库存商品	贷方	
(14)	200 000	(15)	198 560
本期发生额	200 000	本期发生额	198 560
本期发生额	1 440		

借方	应交税费	贷方	
(3)	1 530	(5)	102 000
(7)	5 100		
(8)	2 550		
(10)	15 300		
(11)	85 000		
本期发生额	109 480	本期发生额	102 000
期末余额	7 480		

借方	短期借款	贷方	
	期初余额	300 000	
	(2)	20 000	
	本期发生额	20 000	
	期末余额	320 000	

借方	预收账款	贷方	
	期初余额	400 000	
	(6)	600 000	
	本期发生额	600 000	
	期末余额	1 000 000	

借方		应付账款	贷方	
(2)	20 000	期初余额	60 000	
(4)	10 530	(3)	10 530	
		(10)	105 300	
本期发生额	30 530	本期发生额	115 830	
		期末余额	145 300	

借方	实收资本	贷方	
	期初余额	904 500	
	(11)	585 000	
	本期发生额	585 000	
	期末余额	1 489 500	

借方		主营业务收入	贷方	
(13)	600 000	(5)	600 000	
本期发生额	600 000	本期发生额	600 000	

借方		本年利润	贷方	
(15)	198 560	期初余额	113 700	
		(13)	600 000	
本期发生额	198 560	本期发生额	600 000	
		期末余额	515 140	

根据以上各账户期初余额、本期发生额和期末余额,即可编制总分类账户本期发生额与期末余额试算平衡表,据以检查账户记录是否正确,并为编制有关的财务报表提供依据。其格式如表 1.13 所示。

表 1.13　总分类账户本期发生额与期末余额试算平衡表

单位:元

账户名称	期初余额		本期发生额		期末余额	
	借　方	贷　方	借　方	贷　方	借　方	贷　方
库存现金	5 000		800		5 800	
银行存款	200 000		1 100 000	63 980	1 236 020	
应收账款	100 000		202 000		302 000	
其他应收款	12 000				12 000	
原材料	625 000		117 000		742 000	
库存商品			200 000	198 560	1 440	
低值易耗品	103 600		12 000		115 600	
固定资产	850 000		515 000		1 365 000	
累计折旧		130 000				130 000
生产成本	12 600		193 800	200 000	6 400	
短期借款		300 000		20 000		320 000
预收账款		400 000		600 000		1 000 000
应付账款		60 000	30 530	115 830		145 300
应付职工薪酬				193 800		193 800
实收资本		904 500		585 000		1 489 500
主营业务收入			600 000	600 000		
主营业务成本			198 560	198 560		
本年利润		113 700	198 560	600 000		515 140
应交税费			109 480	102 000	7 480	
合　计	1 908 200	1 908 200	3 477 730	3 477 730	3 793 740	3 793 740

·1.4.3　总分类账户和明细分类账户·

1)总分类账户和明细账户的意义

运用借贷记账法把会计主体的各项经济业务在有关账户中登记以后,就可以根据有关账户的记录总括地了解企业一定时期的某方面生产经营情况。

例如,某企业购买材料10 000元,其中甲材料6 000元,乙材料4 000元,货款暂欠。对这笔经济业务,需要在"原材料""应交税费"和"应付账款"三个账户中记录反映。"原材料"账户可以提供有关企业材料的总括资料,但企业材料的品种类别繁多,仅仅了解材料的总括资料还不能满足生产管理的需要,生产经营管理要求会计核算不仅要提供综合的会计信息,还要提供具体、详细的会计信息。因此会计工作中就有必要同时设置和运用两类账户:一类是根据一级会计科目开设的,用来对各会计要素的具体内容的变化情况进行总括记录的账户,如"原材料""应交税费"和"应付账款"账户,称之为总分类账户(简称"总账账户");另一类是根据明细会计科目开设的,用来对某一总分类账户的核算内容详细记录的账户,称之为明细分类账户(简称"明细账户")。可以说,明细账户是对某一总账账户的核算内容根据管理需要,按照更详细的分类来分别设置的账户。例如,在"原材料"账户下,可根据材料的类别和品种,分别设置明细账户如"原材料——甲材料""原材料——乙材料"等。

在实际工作中,还有另外一类账户,它提供的核算指标比总账账户详细,比明细账户概括。该类账户称之为二级账户。例如,企业可在"原材料"总账账户下,开设"主要材料""辅助材料"等二级账户,在各个二级账户下,再开设明细账户,其目的是利用总分类账户控制二级账户,再由二级账户来控制明细账户,这样逐级控制便于资料的相互核对,如发现差错,也便于在较小的范围内查对。

2)总分类账户和明细分类账户的关系

总分类账户和明细分类账户,所记录的经济业务内容是相同的,所不同的只是提供核算资料有详简程度的差别。因此,总分类账户与其所属的明细分类账户的关系是:总分类账户提供的总括核算资料对明细分类账户起统驭作用,每一个总分类账户对其所属的明细分类账户进行综合和控制。设有明细分类账户的总分类账户,叫作统驭账户。而明细分类账户提供的详细核算资料,对总分类账户则起着补充说明的作用,每一个明细分类账户都是对统驭账户核算内容的必要补充。

3)总分类账户与明细分类账户的平行登记方法

根据总分类账户与所属的明细分类账户之间的上述关系,在会计核算中,为了便于进行账户记录的核对,保证核算资料的完整性和正确性,总分类账户与其所属的明细分类账户必须采用平行登记的方法。

所谓平行登记,就是对发生的每项经济业务,要记入有关的总分类账户,设有明细分类账的,还要记入有关的明细分类账户。登记总分类账户和明细分类账户的原始依据必须相同,记账方向必须一致,记入总分类账户的金额必须与记入有关明细分类账户的金额之和相等。

总分类账户与明细分类账户平行登记的要点,可以概括归纳为如下4个方面。

(1)依据一致

每项经济业务发生后,都要根据审核后的会计凭证,一方面记入有关的总分类账户,一方面记入该总账所属的明细分类账户。登记总分类账户与其所属明细分类账户的原始依据是一致的。

（2）期间相同

在登记总分类账户和明细分类账户时，尽管具体记账的时间可能有差别，但总账与明细账对同一笔经济业务的登记必须在同一会计期间完成。

（3）方向一致

在登记总分类账户和明细分类账户时，登记的方向是一致的。对一项经济业务，在总账的借方登记，也应在其明细账的借方登记；在总账的贷方登记，也应在其明细账的贷方登记。

（4）金额相等

对每项经济业务，记入总分类账户的金额与记入其所属明细分类账户的金额必须相等。如果同时涉及几个明细账户，那么，记入总分类账户的金额与记入其所属的几个明细账户的金额之和必须相等。

采用平行登记的方法以后，总分类账户与其所属的明细分类账户之间可产生如下的数量关系：

$$总分类账户本期发生额 = 所属明细分类账户本期发生额合计$$
$$总分类账户期末余额 = 所属明细分类账户期末余额合计$$

在会计核算中，通常利用这种关系来检查总分类账户和明细分类账户的完整性和正确性。

下面以"原材料""应付账款"账户为例，说明总分类账户和明细分类账户平行登记的方法。

【例 1.16】 某企业为一般纳税人，2017 年元月份"原材料"和"应付账款"两个总分类账户和所属明细分类账户的月初余额如下：

"原材料"总分类账户借方余额为 60 000 元，其所属明细分类账户的月初余额如表 1.14 所示。

表 1.14 "原材料"明细账月初余额

名　称	数量/kg	单价/(元·kg^{-1})	金额/元
甲材料	2 000	20	40 000
乙材料	2 000	10	20 000
合　计	4 000		60 000

"应付账款"总分类账户贷方余额为 15 000 元，其所属明细分类账户余额为：A 厂贷方余额为 10 000 元，B 厂贷方余额为 5 000 元。

假设本月份发生的材料收发业务及与供应单位的结算业务如下：

（1）1 月 5 日仓库发出甲材料 1 500 kg，单价 20 元/kg，计 30 000 元；乙材料 1 000 kg，单价 10 元/kg，计 10 000 元。以上共计 40 000 元。上述材料直接用于制造 A 产品。

（2）1 月 8 日向 A 厂购进甲材料 1 000 kg，单价 20 元/kg，计 20 000 元，货款未付。

（3）1 月 14 日向 B 厂购进乙材料 800 kg，单价 10 元/kg，计 8 000 元，货款未付。

（4）1 月 20 日通过银行结算偿还 A 厂 15 000 元，B 厂 5 000 元，共计 20 000 元。

根据上述资料，采用平行登记的方法登记"原材料"总分类账户、"应付账款"总分类账户及其所属各明细分类账户（应交税费总分类账及所属明细类账户略）。具体做法如下：

（1）将月初余额分别记入"原材料"和"应付账款"账户。

(2)根据上列有关经济业务编制会计分录如下:

①发出材料的会计分录:

借:生产成本——A 产品   40 000

  贷:原材料——甲材料   30 000

     ——乙材料   10 000

②向 A 厂购进材料的会计分录:

借:原材料——甲材料   20 000

  应交税费——应交增值税(进项税额)   3 400

  贷:应付账款——A 厂   23 400

③向 B 厂购进材料的会计分录:

借:原材料——乙材料   8 000

  应交税费——应交增值税(进项税额)   1 360

  贷:应付账款——B 厂   9 360

④偿还前欠 A 厂、B 厂货款的会计分录:

借:应付账款——A 厂   15 000

     ——B 厂   5 000

  贷:银行存款   20 000

(3)根据上列会计分录平行登记"原材料"和"应付账款"两个总分类账户及其所属各明细分类账户,并分别计算本期发生额和期末余额。登账结果分别见表1.15—表1.20。

表1.15 总分类账户

会计科目:原材料   第 页

2017 年		凭 证		摘 要	借 方	贷 方	借或贷	金 额
月	日	字	号					
1	1			月初余额			借	60 000
	5	(1)		生产领用		40 000	借	20 000
	8	(2)		购 进	20 000		借	40 000
	14	(3)		购 进	8 000		借	48 000
	31			本月发生额与余额	28 000	40 000	借	48 000

表1.16 原材料明细分类账户

材料名称:甲材料   第 页

2017 年		凭 证		摘 要	单价 /(元·kg⁻¹)	收 入		发 出		结 存	
月	日	字	号			数量/kg	金额/元	数量/kg	金额/元	数量/kg	金额/元
1	1			月初余额	20					2 000	40 000
	5	(1)		生产领用	20			1 500	30 000	500	10 000
	8	(2)		购 进	20	1 000	20 000			1 500	30 000
				本月发生额及余额	20	1 000	20 000	1 500	30 000	1 500	30 000

表 1.17　原材料明细账

材料名称:乙材料　　　　　　　　　　　　　　　　　　　　　　　　　　　　　　　　　　　第　页

2017年		凭证		摘　要	单价/(元·kg⁻¹)	收　入		发　出		结　存	
月	日	字	号			数量/kg	金额/元	数量/kg	金额/元	数量/kg	金额/元
1	1			月初余额	10					2 000	20 000
	5		(1)	生产领用	10			1 000	10 000	1 000	10 000
	14		(3)	购　进	10	800	8 000			1 800	18 000
	31			本月发生额及余额		800	8 000	1 000	10 000	1 800	18 000

表 1.18　应付账款总分类账

会计科目:应付账款　　　　　　　　　　　　　　　　　　　　　　　　　　　　　　　　　第　页

2017年		凭证		摘　要	借　方	贷　方	借或贷	金　额
月	日	字	号					
1	1			月初余额			贷	15 000
	8		(2)	购进材料		20 000	贷	35 000
	14		(3)	购进材料		8 000	贷	43 000
	20		(4)	偿还货款	20 000		贷	23 000
				本月发生额及余额	20 000	28 000	贷	23 000

表 1.19　应付账款明细账

明细科目:A 厂　　　　　　　　　　　　　　　　　　　　　　　　　　　　　　　　　　　第　页

2017年		凭证		摘　要	借　方	贷　方	借或贷	金　额
月	日	字	号					
1	1			月初余额			贷	10 000
	8		(2)	购进材料		23 400	贷	33 400
	20		(4)	偿还货款	15 000		贷	15 000
				本月发生额及余额	15 000	23 400	贷	18 400

表 1.20　应付账款明细分类账户

明细科目:B 厂　　　　　　　　　　　　　　　　　　　　　　　　　　　　　　　　　　　第　页

2017年		凭证		摘　要	借　方	贷　方	借或贷	金　额
月	日	字	号					
1	1			月初余额			贷	5 000
	4		(3)	购进材料		9 360	贷	14 360
	20		(4)	偿还货款	5 000		贷	9 360
				本月发生额及余额	5 000	9 360	贷	9 360

1.5 会计凭证、账簿与账务处理程序

为了使会计核算提供的会计信息能如实反映企业的生产经营状况和经营成果,必须取得和填制可供事后验证的会计凭证,并根据会计凭证和规定的账务处理程序,在账簿中记录实际发生的经济业务,从而保证会计记录的正确性和真实性。为此,企业会计必须填制和审核会计凭证,设置和登记会计账簿。

·1.5.1 会计凭证·

1)会计凭证的作用与种类

(1)会计凭证的作用

会计凭证是指在会计凭证核算中,为记载经济业务、明确经济责任,具有一定格式并作为记账依据的书面证明。在企业的经济活动过程中所发生的各项经济业务,都必须取得和填制各种会计凭证,并进行严格的审核才能作为登记账簿的依据。

(2)会计凭证的种类

会计凭证按其填制程序和用途的不同,分为原始凭证和记账凭证两类。

• 原始凭证

原始凭证是在经济业务发生时取得或填制的,用于记录或证明经济业务发生或完成情况的书面凭据,如各种发票、收据、领料单等。原始凭证的种类和格式很多,但都要求说明经济业务的发生和完成情况,明确经办业务部门和人员的责任。一般来说,应具备以下基本内容:

①原始凭证的名称;

②填制凭证的日期;

③填制凭证单位名称或者填制人姓名;

④经办人员的签名或者盖章;

⑤接受凭证单位名称;

⑥经济业务内容;

⑦数量、单价和金额。

原始凭证按其来源不同,可分为外来原始凭证和自制原始凭证。外来原始凭证是在经济业务发生时从其他单位取得的凭证,如购入材料的发票等;自制原始凭证是指本单位经办业务的人员在执行或完成经济业务时填制的凭证,如领料单等。

• 记账凭证

记账凭证是会计人员根据原始凭证编制的,用于确定会计分录,作为记账依据的书面证明。一般应具备下列内容:

①凭证的名称;

②记账凭证的填制日期与编号;

③经济业务内容摘要;

④会计科目的名称;

⑤金额;

⑥所附原始凭证的张数;

⑦有关责任人的签名或盖章。

记账凭证按其反映的经济业务与货币资金的关系,可分为收款凭证、付款凭证和转账凭证。其格式如表1.21～表1.23所示。

表1.21 收款凭证

借方科目: 　　　　　　　　　　　年　月　日　　　　　　　　　　　字第　号

对方单位	摘　要	贷方凭证		金　额	记　账
(交款人)		总账科目	明细科目		
附件　张		合计金额(大写)			

会计主管　　　记账　　　审核　　　出纳　　　　　　　　　　　　制单

表1.22 付款凭证

贷方科目: 　　　　　　　　　　　年　月　日　　　　　　　　　　　字第　号

对方单位	摘　要	借方科目		金　额	记　账
(取款人)		总账科目	明细科目		
附件　张		合计金额(大写)			

会计主管　　　记账　　　审核　　　出纳　　　　　　　　　　　　制单

2)凭证的填制与审核

(1)原始凭证的填制与审核

由于经济业务内容和经济管理要求不同,各种原始凭证的名称、格式和内容不完全一样。但是为了满足会计工作的需要,无论哪一种原始凭证都必须详细反映有关经济业务执行或完成情况,明确经办单位和经办人员的经济责任。因此,填制原始凭证时应注意以下几点:

表1.23 转账凭证

　　　　　　　　　　　年　月　日　　　　　　　　　　　字第　号

摘　要	总账科目	明细科目	借方金额	贷方金额	记　账
合　计					

会计主管　　　记账　　　审核　　　　　　　　　　　　　　制单

①凭证填写内容要真实可靠。

②凭证填写的内容要完整。

③填制凭证要及时。

④凭证书写要规范。

对于接受的原始凭证,必须进行严格的审核,只有审核无误的原始凭证,才能作为会计处理的依据。原始凭证的审核,也是会计监督的重要内容。原始凭证审核的基本方法为:

①审核原始凭证所记录的经济业务是否真实。

②审核原始凭证所记录的经济业务是否合法。

③审核原始凭证的填写是否完整。

④审核原始凭证填写的内容是否正确。

(2)记账凭证的填写和审核

填写记账凭证,除了要遵守填制原始凭证的要求外,还应做到:

①以简明扼要的文字,概括地写清经济业务的内容,以便记账。

②根据原始凭证所反映的经济业务的内容,作出正确的会计分录。

③每张凭证要按规定的要求编号,并写明所附原始凭证的张数,以便日后查考。

为了保证账簿记录的正确性,对记账凭证也应进行审核。审核记账凭证的要点是:

①反映的经济业务是否同所附经过审核的原始凭证的内容相一致。

②记账凭证所确定的会计分录是否正确。

③应填列的项目是否填写齐全,有关人员是否签章等。通过审核发现有错误的记账凭证,应查明原因后及时更正。

· 1.5.2 会计账簿 ·

会计账簿是指由一定格式和相互联系的账页组成的,用于全面、系统、连续地记录和反映各项经济业务的簿籍。簿籍是账簿的外表形式,而账页(账户记录)则是账簿的内容。正确地设置和登记会计账簿,可以全面、系统、连续地反映经济业务所引起的会计要素具体内容的增减变化及其结果,为编制财务报告进行财务分析提供资料。

1)会计账簿的设置

为了满足会计核算的需要,企业一般应设置以下3类账簿。

(1)序时账

序时账也称日记账,是按照经济业务发生的时间先后顺序,逐日逐笔进行登记的账簿。序时账有现金日记账和银行存款日记账两种,分别按"库存现金"和"银行存款"科目设置。日记账一般采用订本式账簿,其账页为三栏式,如表1.24所示。

表1.24 现金日记账

年		凭 证	摘 要	收 入	支 出	余 额
月	日	字 号		(借方)	(贷方)	

(2)总分类账

总分类账是按照总账科目设置账户(账页),用于分类登记经济业务的账簿。总账一般采用三栏式的订本账,如表1.25所示。

表1.25 总账科目

年		凭证		摘要	借方	贷方	借或贷	金额
月	日	字	号					
			本期发生额及余额					

(3)明细分类账

明细分类账又称明细账,它是根据总账科目所属的二级或明细科目设置账户(账页),用于详细登记某类资金的增减变化情况及其结果的账簿。明细账一般采用活页式或卡片式账簿,其账页的格式有三栏式、多栏式和数量金额式几种。三栏式账页格式与总账账页格式相同。数量金额式和多栏式账页如表1.26和表1.27所示。

表1.26 材料明细账

品种: 计量单位:
规格: 存放地点:

年		凭证	摘要	收入			发出			结存		
月	日	字号		数量	单价	金额	数量	单价	金额	数量	单价	金额

表1.27 管理费用明细账

年		凭证		摘要	借方						贷方	金额
月	日	字	号		消耗材料	工资福利费	折旧费用	修理费用	办公费用	差旅费用		

2)会计账簿的登记

为了保证记账工作的质量,会计账簿登记要遵照以下的方法和要求进行。

①启用账簿时应填制"账簿启用表",并编制账户目录。调换记账人员时应办理交接手续并签章。

②账簿记录应用蓝、黑墨水书写,要求书写公正、摘要清楚、数字准确。

③各种账簿要按编定的页次顺序连续记载,每记完一张账页需登记新账页时,应在其最后一行加计本月份的发生额并结出余额,在摘要栏内注明"过页次",同时将上述发生额和余额记入新账页的第一行,在摘要栏内注明"承前页"。

④账簿记录发生错误,不准涂改、挖补、刮擦或用褪色药水消除字迹,不准重新抄写,应采用画线更正法和更正的记账凭证进行更正。

⑤当将本期内所发生的各项经济业务全部登记入账后,应当办理结账手续。结账时,应当结出每个账户的本期发生额的余额,并划出结账线。

⑥为了保证账簿记录的真实可靠,应当定期对账簿记录的有关数字与库存实物、货币资金、往来单位或者个人等进行相互核对,保证账证相符、账账相符、账实相符。

· 1.5.3 账务处理程序 ·

账务处理程序,亦称会计核算组织形式,是指对经济业务进行日常核算和提供会计信息所采取的填制会计凭证、登记账簿、编制会计报表等账务处理的方式与步骤。目前,我国企业、事业、机关等单位会计一般采用的账务处理程序主要有:记账凭证账务处理程序、汇总记账凭证账务处理程序、科目汇总表账务处理程序、多栏式日记账账务处理程序等。由于科目汇总表账务处理程序手续简便,登记总分类账工作量小,因而在企业应用较广泛。科目汇总表账务处理程序为:

①根据原始凭证(或原始凭证汇总表)编制收款凭证、付款凭证和转账凭证。

②根据收款凭证和付款凭证登记现金日记账和银行存款日记账。

③根据原始凭证或原始凭证汇总表、记账凭证登记各明细分类账。

④根据收款凭证、付款凭证和转账凭证的定期汇总,编制科目汇总表。

⑤根据科目汇总表登记各总分类账。

⑥期末,将总分类账与现金日记账、银行存款日记账和各明细分类账的余额核对相符。

⑦期末,根据总分类账和有关明细分类账的有关资料编制会计报表(会计报表的编制详见第12章)。

科目汇总表账务处理程序如图1.2所示。

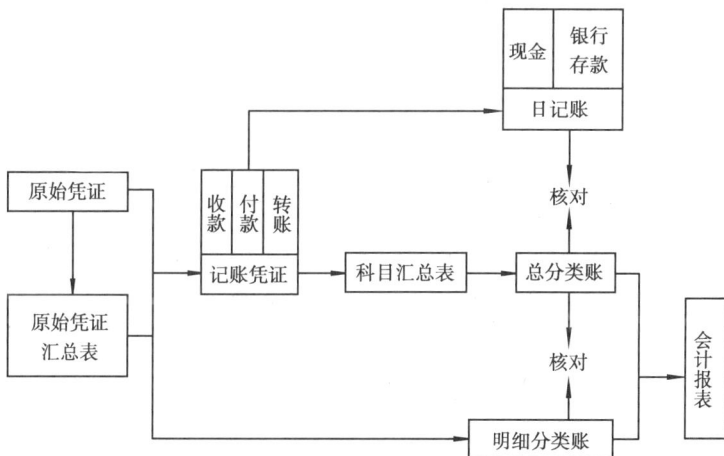

图1.2 科目汇总表账务处理程序

科目汇总表的作用是对记账凭证进行定期汇总,以简化总分类账的登记工作。编制时,首先将需要汇总的记账凭证所涉及的会计科目,填在表内的"会计科目"栏,然后按各科目分别计算出借方发生额合计和贷方发生额合计,填入表内与各科目相应的"借方"栏和"贷方"栏,最后计算出所有科目的借方发生额合计和贷方发生额合计,并进行试算平衡。平衡无误后,即可据以登记总分类账。编制时间视业务量而定,业务量大的单位可以每日汇总一次,业务量小的单位可以每5天或10天汇总一次(也可以每旬汇总一次,每月编制一张)。科目汇总表的格式示例如表1.28所示。

表1.28 科目汇总表

2017年10月1日至10日　　　　　　　　　　　　　　　　　　　　　第　号

会计科目	账　页	本期发生额/元		记账凭证起讫号码
		借　方	贷　方	
库存现金		350 000	68 000	
银行存款		4 034 000	368 000	
应收账款		253 000	34 000	
材料采购		420 000	8 000	
⋮		⋮	⋮	⋮
实收资本			4 512 000	
未分配利润			67 000	
合　计		5 057 000	5 057 000	

小结1

会计是以货币为主要计量尺度,对企业的经济活动进行综合、全面、系统地反映,提供经济管理所需要的各种经济信息,同时对企业的经济活动实施监督的一种管理活动。

企业的会计要素包括资产、负债、所有者权益、费用、收入和利润。

会计核算应以会计主体、持续经营、会计分期、货币计量、权责发生制为前提条件,应遵循客观性、相关性、一贯性、可比性、及时性、明晰性、谨慎性、重要性和实质重于形式的原则。

组织会计核算,应设置会计科目和账户,并根据复式记账的原理,采用借贷记账法对企业发生的经济业务进行会计处理,提供经营管理所需要的会计信息。

为了使会计核算提供的会计信息能如实反映企业的生产经营状况和经营成果,必须取得和填制会计凭证,设置和运用会计账簿,并根据会计凭证和规定的账务处理程序,在账簿中记录实际发生的经济业务,从而保证会计记录的真实性和正确性。

复习思考题1

1.1 什么是会计?它具有哪些职能和特点?

1.2 什么是会计要素?它包括哪些基本内容?

1.3 什么是会计恒等式?

1.4 什么是会计核算的基本前提？什么是会计的一般原则？它们包括哪些具体内容？

1.5 什么是会计科目？什么是账户？它们之间有什么关系？

1.6 什么是复式记账？它有何特点？主要作用是什么？

1.7 试述借贷记账法的账户结构。

1.8 在借贷记账法下,如何进行试算平衡？

1.9 什么是会计分录？如何编制会计分录？

1.10 什么是平行登记？它有何特点？

1.11 什么是会计凭证？它包括哪些内容？其填制和审核的要求有哪些？

1.12 什么是会计账簿？它是如何设置的？

1.13 试述科目汇总表账务处理程序。

1.14 练习会计分录和试算平衡的编制。

(1)资料:某企业 2017 年 6 月 1 日各总账账户余额如下表:

会计科目	借方金额/元	贷方余额/元	会计科目	借方金额/元	贷方金额/元
库存现金	15 000		预收账款		221 700
银行存款	450 000		应付职工薪酬		22 400
应收账款	354 000		其他应付款		224 500
其他应收款	52 700		长期借款		1 836 380
原材料	623 400		实收资本		1 000 000
生产成本	50 000		盈余公积		113 150
固定资产	3 213 700		本年利润		212 170
累计折旧		396 500			
短期借款		732 000	合　　计	4 758 800	4 758 800

本月发生下列经济业务(企业为一般纳税人,税费为17%):

①购入新机器 3 台,价款 28 000 元,用银行存款支付;

②向银行借入短期借款 250 000 元,款已存入银行;

③向某购货单位预收销货款 280 000 元,款已存入银行;

④生产车间生产领用材料 280 000 元;

⑤购入材料一批,已验收入库,计 210 000 元,款项尚未支付;

⑥以银行存款 10 200 元购入办公用品一批;

⑦对外销售材料一批,收取料款 21 000 元存入银行;

⑧提取固定资产折旧 29 000 元,其中:应分配计入生产成本 20 000 元,管理费用9 000元;

⑨结算本月应付职工工资 58 000 元,其中:应分配计入生产成本 51 000 元,管理费用 7 000元;

⑩向银行提取现金 58 000 元,以备发放工资;

⑪以现金 58 000 元发放职工工资;

⑫按规定计提职工福利费 8 120 元,其中:应分配计入生产成本 7 000 元、管理费用 1 120元;

⑬本月生产完工的产品验收入库,计 380 000 元;

⑭对外销售产品一批,共计货款 400 000 元,除扣除预收销货款 280 000 元外,余额 120 000 元存入银行;

⑮结转本月对外销售材料的实际成本 16 500 元;

⑯结转本月已销产品的实际成本 300 500 元;

⑰结转本月各收入账户于"本年利润"账户;

⑱结转本月各支出账户于"本年利润"账户。

(2)要求:

①根据上述经济业务编制会计分录;

②开设 T 字形账户,登记期初余额和本期发生的经济业务,并结出本期发生额和余额;

③编制试算平衡表;

④编制资产负债表和利润表。

1.15 练习登记记账凭证。

(1)资料:复习思考题 1.14 中①~⑩的各项经济业务。

(2)要求:根据上述资料,分别填制收款凭证、付款凭证和转账凭证。

1.16 练习登记总账和日记账。

(1)资料:复习思考题 1.14 中①~⑩的各项经济业务。

(2)要求:

①设置总分类账和日记账。

②登记现金日记账、银行存款日记账和总分类账。

③结出各账户的发生额和余额。

2 工程成本核算概述

本章导读

• **基本要求**　了解工程成本会计的特点、内容和任务,工程成本核算的基本要求、遵循的基本程序,以及为完成工程成本会计任务而建立的组织机构形式;熟悉成本、费用与支出之间的关系,不同成本之间的界限;掌握工程施工成本归集与分配的核算。

• **重点**　工程施工成本归集与分配的账务处理。

• **难点**　正确划清不同成本之间的界限。

建筑安装工程的施工过程,既是工程项目的建造过程,又是物化劳动和活劳动的耗费过程。将建筑企业在工程施工过程中所发生的各项耗费按各工程对象进行归集,就是各项工程的工程成本。工程成本的高低,既反映了企业的施工与管理水平,同时也体现了企业在市场中的竞争能力。因此,正确核算工程成本并加强工程成本管理,就成为建筑企业经营管理的重要内容。

2.1　工程成本会计的特点

企业是实行自主经营、独立核算、自负盈亏的经济实体。在企业的生产过程中,为保证其经济活动的持续进行,必须通过实现的收入来补偿所发生的资金耗费,并要求在补偿后应有盈余,而资金耗费按一定对象进行归集,即构成该对象的成本。这就要求企业必须对生产经营过程中发生的资金耗费进行核算,以确定补偿的尺度,同时还要对其进行分析和考核,保证以收抵支、且有盈余。因此,成本也可表述为企业生产必须在价值或实物上得到补偿的资金耗费。建筑企业的工程建造成本则称为工程成本。

工程成本会计是研究建筑企业成本的确认、计量、记录、反映、考核和控制的一门会计管理学科,是成本会计学的组成部分。

由于建筑企业的生产经营活动具有自身的特点,因而工程成本会计亦具有一定的特点。

·2.1.1　建筑企业的特点·

建筑企业是从事建筑安装工程建造的生产经营性企业。建筑工程包括:各种房屋等建筑物、设备基础等构筑物的建筑工程,管道、输电线路、通讯导线等的敷设工程,特殊炉的砌筑工程,上下水道工程,道路工程,铁路工程,矿山掘井工程等;安装工程包括:各种生产、动力、起重、运输、传动和医疗、实验等各种需要安装设备的装配、装置工程等。

①建筑安装工程都是在不同的指定地点建造的,因而决定了建筑安装施工流动性的特点;

②每一建筑安装工程都具有独特的形式和结构,是按照单独的设计图纸建造的,难以用统一模式简单、大量、重复地批量生产,因而决定了建筑施工单件性的特点;

③建筑安装工程体积庞大、结构复杂,受自然因素制约和干扰,工程量、资金耗费巨大,从开工到竣工少则数月、长则数年,因而决定了建筑施工具有长期性的特点。

· 2.1.2　工程成本会计特点 ·

①建筑安装工程施工的流动性,使得施工往往分散在各项目现场,由建筑企业内部各级施工单位组织进行,因此,只有采取分级核算,才能充分调动各级施工单位加强成本管理的积极性,不断降低工程成本,提高企业的盈利水平。

②建筑安装工程的单件性,使得只有按各项建筑安装工程设置成本核算对象组织成本核算,才能反映各项工程的资金耗费。

③建筑安装工程施工的长期性,决定了只有定期计算和确认各期已完工程(相对于竣工工程为在建工程)的实际成本,然后与当期的预算成本进行对比,考核成本的超支节约情况,才能对施工活动进行适时控制。

2.2　工程成本的经济内容及分类

· 2.2.1　工程成本的经济内容 ·

工程成本的经济内容是指工程成本的具体构成,是与工程施工有关的各项耗费。在建筑企业的工程施工过程中,除了发生工程施工耗费外,还会发生为管理企业而支出的管理费用和为筹集资金而支出的财务费用,这两项费用支出作为期间费用直接计入当期损益而不作为工程成本的组成内容。工程成本具体包括以下几方面内容。

①施工过程中所耗用的构成工程实体或有助于工程形成的各种主要材料、结构件、机械配件、其他材料、周转材料、燃料、动力、低值易耗品的原价、运杂费和采购保管费。

②按国家规定列入成本的施工和施工管理人员的标准工资、工资性津贴及奖金。

③正确核算施工和施工管理人员的福利费用。

④按照国家或企业规定的折旧方法提取的固定资产折旧费,以及固定资产的大、中、小修理费用。

⑤按照有关租赁费用的规定,支付的固定资产租赁费。

⑥参加财产保险和运输保险所交纳的保险费。

⑦因工程返工所发生的损失费。

⑧施工现场的办公费、差旅费、劳动保护费、检验试验费、临时设施费和其他费用(如定位复测费、工程点交费、场地清理费等)。

⑨按照规定列入工程造价的其他有关费用和经财政部门审查批准列入成本的其他费用（按规定应计入工程成本的资本化利息等）。

· 2.2.2　工程成本的分类 ·

为了正确计算工程成本,考核其升降原因,寻求降低成本、提高企业盈利能力的途径,首先应对工程成本进行合理的分类。

1) 按经济内容分类

按成本的经济内容可分为外购材料费、外购动力费、外购燃料费、工资(包括工资、奖金和各种工资性的津贴、补贴等)、职工福利费、折旧费、利息支出、税金及其他支出。

这种分类方法可以反映建筑企业在一定时期内资金耗费的构成和水平,可以为编制材料采购资金计划和劳动工资计划提供资料,也可以为制订物资储备资金计划及计算企业净产值和增加值提供资料。成本按经济内容分类不能说明在施工过程中的用途,以及是否经济合理。

2) 按经济用途分类

按成本的经济用途可分为直接人工费、直接材料费、机械使用费、其他直接费、施工间接费用、期间费用。

这种分类方法,可以正确反映工程成本的构成,便于组织成本的考核和分析,有利于加强企业的成本管理。

3) 按计入成本的方式分类

按计入成本核算对象的方式可分为直接成本和间接成本。直接成本指费用发生后可以直接计入各工程项目成本中去的资金耗费,如能明确区分为某一工程项目耗用的材料、工资和施工机械使用费等;间接成本是指不能明确区分为某一工程项目耗用,而需要先行归集,然后按规定的标准分配计入各项工程成本中去的资金耗费,如施工间接费用。

凡是直接成本都应该按照费用开支的原始凭证直接计入成本核算对象,间接成本要选择合理的分配标准分配记入成本核算对象。

4) 按与工程量的关系分类

按成本与工程量的关系可分为变动成本与固定成本。

这种分类对于组织成本控制,分析成本升降原因,以及作出某些成本决策都是十分必要的。因为要降低成本中的变动成本,就需要从降低消耗着手,要降低固定成本则要从节约开支、减少耗费的绝对数着手。

5) 按成本形成的时间分类

按成本形成的时间可分为会计期成本和工程期成本。

按会计期计算成本,可以将实际成本与预算进行对比,有利于各个时期的成本分析和考核,可以及时总结工程施工与管理的经验教训。按工程周期计算成本,有利于分析某一工程项目在施工全过程中的经验和教训,从而为进一步加强工程施工管理提供依据。

· 2.2.3　成本、费用与支出的关系 ·

成本、费用与支出是关系极为密切的 3 个概念,它们之间既有联系,又存在着一定的区别,分清三者之间的区别与联系是工程成本核算的重要前提。

1）成本

成本是指企业以工程施工、生产产品、提供劳务而发生的各种耗费。

2）费用

费用是指企业为承包工程、销售商品、提供劳务等日常活动所发生的经济利益的流出。费用中能予以对象化的部分就是成本,不能予以对象化的部分就是期间费用,费用包括经营成本和期间费用。经营成本是已销产品或已提供劳务的成本,如建筑企业的合同费用;期间费用是直接计入当期损益的费用,包括营业费用、管理费用和财务费用。营业费用是企业在销售商品过程中所发生的费用,如运输费、广告费和专设的销售部门经费;管理费用是企业为管理和组织企业生产经营活动而发生的费用,如公司经费、工会经费、职工教育经费、管理人员的工资和福利费等;财务费用是企业为筹集生产经营所需资金而发生的费用,包括利息支出、金融机构手续费等。建筑企业的期间费用一般只包括管理费用和财务费用。

3）支出

支出是指企业的资源因耗用或偿付等原因流出企业,从而导致企业可使用资源总量的减少。支出一般可分为偿债性支出和非偿债性支出两类。

（1）偿债性支出

偿债性支出是指企业出于偿债的目的而将包括现金在内的资源交付给其他主体,这种支出是补偿性的,不构成企业的费用。

（2）非偿债性支出

非偿债性支出可以分资本性支出、收益性支出、营业外支出、利润分配性支出、所得税支出5类。资本性支出是指支出的效益涉及几个会计年度（或几个营业周期）的支出,如企业购建固定资产等长期资产的开支;收益性支出是指支出的效益仅限于本年度（或一个营业周期）的支出,如企业为取得收入而发生的成本和期间费用;所得税支出是指国家对境内生产、经营所得和其他所得依法征缴的一种税收,它其实是国家参与企业的利润分配的一种手段,构成企业当期的一项费用,应直接冲减当期损益;营业外支出是与企业的生产经营活动没有直接联系的开支,如支付的罚款、非常损失、对外捐赠等,也应作为当期损益的扣减项目;利润分配性支出是企业在利润分配环节发生的开支,如支付利润（或股利）等。

由此可见,支出的含义要比费用宽泛,尽管费用的实质也是资产的耗费,但只限于企业为取得当期收入而发生的耗费。企业当期发生的支出不一定都构成当期的费用,构成当期费用的也不一定需要企业当期支付现金。成本是形成费用的基础,费用是企业支出的组成部分,因而它们之间存在密切的关系。

2.3 工程成本核算的意义与任务

· 2.3.1 工程成本核算的意义 ·

工程成本核算,就是对建筑企业一定时期内施工费用的核算,包括工程施工成本和期间费用的核算。它是工程成本会计的中心内容,可以反映和监督建筑企业各项施工费用的发生情况和工程成本的水平,为分析工程成本的节超原因和挖掘降低成本的潜力提供科学依据,它在建筑企业的经营管理中具有十分重要的意义。具体有:

(1)工程成本核算可以综合反映施工企业的经营管理水平

由于工程成本是工程施工中各种耗费的货币表现,集中反映了建筑企业的经济效果,劳动生产率的高低、施工机械设备的利用程度、材料消耗的多少、施工工期的长短以及施工过程中的管理水平,最终都反映到工程成本指标中。工程成本核算出的工程实际成本与预算成本、计划成本比较分析,可以考核施工管理中取得的成绩和找出存在的问题,总结经验,吸取教训,加强管理,不断降低工程成本,提高企业的经济效益。

(2)工程成本核算可以保证国家各项相关政策法规的执行

在工程核算过程中,对各项费用支出必须进行认真的审核,凡符合成本开支范围的各项支出要积极支持,否则就应予以抵制。只有这样,才能保证国家的政策、法令、制度的贯彻落实,避免和减少不应有的浪费和损失,保证建筑企业经营活动的正确方向。

(3)工程成本核算可以确定施工耗费的补偿尺度

为了保证建筑企业再生产的不断进行,必须对施工过程中的资金耗费进行补偿。建筑企业在取得工程结算收入后,必须把相当于工程成本的数额划分出来,用于补偿施工过程中的资金耗费,维持资金周转按原定规模进行,剩余部分就是企业实现的净利润。在工程结算收入一定的条件下,成本降低利润就高,反之利润就低。因此,成本作为补偿施工耗费的尺度,对企业的发展有重要影响。

(4)工程成本核算能充分挖掘企业内部潜力,为生产经营决策提供重要的依据

在激烈的市场竞争中,企业为了获得工程订单,除了在工程质量与施工工期等方面竞争外,更多的是工程价格的竞争。由于工程成本是决定工程价格的基础,因而工程成本的高低在一定程度上影响着企业的生存和发展,企业只有认真做好工程成本核算工作,及时为企业的经营决策提供成本信息,从而充分挖掘内部潜力,才能不断降低成本,提高企业的市场竞争力。

·2.3.2 工程成本核算的任务·

①根据国家的政策、法规、制度和企业的消耗定额及工程成本计划,审核和控制企业各项工程施工费用的支出,促使节约工程施工费用,降低工程成本。

②正确、及时归集和分配工程施工过程中发生的各项工程施工费用,按照规定的成本核算程序和方法计算工程的实际施工成本。

③正确计算工程预算成本和实际成本,考核和分析成本消耗定额和成本计划的执行情况,为进行成本预测、修订消耗定额和编制新的成本计划提供数据。

④通过工程成本核算,反映和监督企业工程施工过程中工程在产品的动态,保护工程在产品的安全和完整。

⑤正确编制工程竣工结算,及时总结工程施工管理的经验和不足,改进经营管理工作,降低工程成本,提高经济效益。

2.4 工程成本核算的基本要求

为正确核算工程成本,完成工程成本核算的任务,发挥工程成本核算的作用,在工程成本核算中,除了应遵循企业会计制度中会计核算的一般原则外,还应严格遵循以下要求。

·2.4.1 做好成本核算的各项基础工作·

为保证成本核算资料的真实性、完整性、准确性和及时性,便于对成本实施有效控制,应做好以下几方面的基础工作。

(1)建立健全原始记录

成本核算的重要任务是对构成成本的各项耗费进行数据处理,为此就要取得各项耗费的原始资料。原始记录是反映施工生产经营活动的原始资料,是工程成本核算和管理的基础。涉及工程成本核算的原始记录主要有:领(退)料单、限额领料单等材料耗用记录,工程任务单、考勤表等人工耗用记录,施工机械使用记录、未完施工盘点单和其他费用支出记录。施工单位要认真制定原始记录制度,做好原始记录凭证的填制、传递、审核和保管工作,为工程成本核算提供准确的第一手资料。

(2)加强定额管理

定额是对工程施工过程中人力、物力和财力消耗所规定的数量标准。施工企业的定额一般有预算定额和施工定额两种。预算定额一般是由国家或各省、市、自治区建设主管部门统一制定,是建筑行业的平均定额,是施工企业编制工程预算、计算工程造价的依据;施工定额一般是由施工企业自行制定,它既是编制单位工程施工预算和成本计划的依据,又是衡量和控制工程施工过程中人工、材料、机械耗费和费用支出等的标准。施工定额主要包括劳动定额、材料消耗定额、机械设备利用定额、工具消耗定额和费用定额等。实行定额管理,对于合理利用劳动力,节约材料消耗,提高机械设备利用率和降低费用支出,从而降低工程成本都有重要的意义。

(3)健全物资管理工作制度

物资是工程成本中的一个重要组成部分,要正确计算工程成本,必须建立健全物资管理制度,凡涉及物资材料的收发,低值易耗品和周转材料的领用、保管、转移和退库,都要办理相关的凭证手续,对库存材料物资要进行定期清查和盘点工作,发生废料应及时回收处理,在物资的发放、转移时,还要做好计量工作,保证数量的准确,以正确计算工程成本。

(4)建立健全内部结算制度

为明确企业内部各部门的经济责任,便于分析和考核内部各单位的经济成果,企业应建立和健全内部结算制度。内部结算要以合理的内部价格为依据。施工企业的内部结算价格主要有:材料结算价格、结构件结算价格、机械作业结算价格、劳动力结算价格和劳务结算价格等。这些内部结算价格可以是计划价格、市场价格,也可以成本加成(一定比例的利润),但无论采用什么形式,内部结算价格应保持相对的稳定,但也要定期根据各时期的变化进行调整。

(5)建立健全企业内部成本管理责任制

施工企业应根据内部组织分工和岗位责任,建立和健全上下衔接、左右结合的全面成本管理责任制,对工程成本实行分级归口管理。把工程成本管理的职责和降低成本指标横向分解落实到各职能部门,纵向层层分解落实到项目经理部、施工单位、施工班组和职工个人,只有这样才能调动全体职工的积极性,促使全体职工关心工程成本,降低工程成本。

·2.4.2　正确划清成本费用之间的界限·

为正确计算工程成本,在进行工程成本核算时,应正确划清以下几个方面的界限。

(1)划清不同成本计算期的工程成本界限

根据企业会计制度的规定,企业是按期计算成本,以便分析考核生产经营计划的执行情况,因此,必须正确划清各个时期的成本界限。按权责发生制原则的要求,成本是按其所属期进行归集的,凡属当期的成本,不论支付与否,都是当期成本,凡不属当期成本,即使已经支付,也不能计入当期成本。只有这样,才能保证各个时期工程成本的真实性和可靠性。

(2)划清工程成本和期间费用的界限

施工企业在施工过程中发生的消耗是多种多样的,有些可以归集到一定的工程项目上,则这些消耗就是该工程项目的成本,但有些消耗是无法以工程项目为对象进行归集的,则这些消耗就是期间费用。企业在组织工程成本核算中,各部门要严格按照成本对象归集成本,填写原始的记录,不能相互混淆。

(3)划清资本性支出与经营性支出的界限

企业当期发生的资本性支出,形成企业的资产,只有按受益原则由当期分摊的部分才能形成当期的成本,而不能全部计入当期成本。企业为取得当期收益而发生的各项营业性支出,应全部作为当期的成本。

(4)划清营业性支出和营业外支出的界限

营业性支出是与日常生产经营有关的支出,构成企业的成本。而企业发生的营业外支出,是与企业施工生产经营活动没有直接关系的支出,因而不构成企业的成本,例如:罚款支出等。

(5)划清不同成本核算对象之间的成本界限

计算工程成本,必须分别计算各单位工程的实际成本,才能更好地分析和考核各单位工程成本计划的执行情况,满足成本管理的需要。因此,每期发生的施工费用,都要在各成本核算对象之间按照一定的原则、程序和方法进行分配。凡能直接确定应由某工程负担的成本,应直接计入该工程成本,不能直接确认应由某项工程负担的成本,应选择合理的分配方法进行分配并计入各项工程成本。

(6)划清完工工程和未完工工程的成本界限

工程施工周期与会计核算周期的不一致性,使期末有未完施工存在。将施工费用归集和分配到各成本对象后,某一成本对象只是部分完工,则应在完工和未完工工程之间进行成本分配,正确计算已经完工工程成本和未完工工程成本,不得随意调整,以便与工程结算收入相配比,为计算工程利润提供可靠的依据。

·2.4.3　完善工程成本的结算工作·

为了便于分析和考核企业的经营成果,明确企业的经营责任,应建立和健全企业的结算制度。必须按期计算工程成本,工程成本的计算期一般应与工程价款结算的时间相一致。采用按月结算工程价款办法的工程,企业一般按月计算已完工程成本;采用竣工后一次结算或分段结算工程价款办法的工程,企业一般应按合同确定的工程价款结算期计算已完工程成本。

①必须根据各成本计算期内已完工程成本的实物数量以及实际消耗和实际价格,计算各期已完工程的实际成本,不能以估计成本、预算成本或计划成本代替实际成本。

②进行工程成本核算时,其实际成本的核算范围、成本项目的设置和计算口径,应与国家有关财务制度、施工图预算、施工预算或成本计划相一致。

③在工程成本核算过程中所采用的各种会计处理方法,包括材料的计价、材料成本差异的调整、周转材料和低值易耗品的摊销、费用的分配、已完工程和未完工程成本的计算等,前后各期均应保持一致,不得随意变更。

④企业及其内部各独立核算单位,对施工生产经营过程中所发生的各项费用,必须设置必要的账册,以审核无误、手续齐备的原始凭证为依据,按照成本核算对象、成本项目、费用项目进行核算,做到真实、准确、完整、及时。

2.5 工程成本核算的对象、工作组织与程序

·2.5.1 工程成本核算的对象·

工程成本核算的对象就是施工费用的承担者,是具体归集和分配施工耗费的对象。在具体核算过程中应根据其自身的特点确定成本核算的对象,一般采用以下几种方法。

①建筑安装工程是按设计图纸在指定的地点施工的,施工图预算一般按单位工程编制,所以建筑安装工程按每一独立编制施工图预算的单位工程为成本核算对象。

②一个单位工程如由几个施工单位共同施工,各施工单位都应以同一单位工程为成本核算对象,各自核算自行施工的部分。如果该工程总、分包单位是同一企业的,总部在汇总工程成本时,应按该单位工程予以归并。

③规模大、工期长的单位工程,可以将工程划分为若干个分部工程,以分部工程作为成本核算对象。

④同一建设项目,同一施工地点,同一结构类型,同一施工单位,开竣工时间相接近的若干个单位工程,可以合并为一个成本核算对象。但若选定其中某个工号为样板的,则应想办法划清该样板工程,以该样板工程为单独成本核算对象进行核算。

⑤改建、扩建的零星工程,可以将竣工时间相接近、属于同一建设单位的一批单位工程,合并为一个成本对象进行核算。

⑥土石方工程、打桩工程,可以根据实际情况和管理需要,以一个单项工程为成本核算对象,或将同一施工地点的若干个工程量较小的单项工程合并为一个成本核算对象。

⑦独立施工的装饰工程的成本核算对象,应与土建工程成本核算对象一致。

⑧工业设备安装工程,可按单位工程或专业项目,如机械设备、管道、通风设备的安装等作为工程成本核算对象。

成本对象一旦确定后,各有关部门应共同遵守执行,不得随意改变,所有原始记录、核算资料都统一按规定的成本对象填写和编制,以保证成本核算资料的真实性和准确性。

· 2.5.2　工程成本核算的工作组织 ·

为保证工程成本核算的顺利进行,各企业应按照自己的规模和实际情况,建立与其管理体制相适应的工程成本核算体系。

小型施工企业,由于规模较小,成本核算可由企业集中进行,各施工队或小组应及时为企业核算部门提供成本核算的原始资料。

中型施工企业,一般实行企业和施工队两级核算,各施工队核算工程的直接成本,由企业汇总全部工程的成本和期间费用。

大型企业,一般实行公司、分公司和施工队三级成本核算。施工队是内部经济核算单位,只核算本施工队的直接成本,并将资料汇总到分公司;分公司是内部独立核算单位,应全面核算其所负责的工程的直接成本、间接成本和分公司发生的期间费用,并向公司上报资料;公司是独立核算单位,应全面负责全公司的成本核算工作,审核、汇总所属分公司和单位的成本资料,核算公司本部发生的期间费用,并全面分析公司的成本升降原因和寻找降低成本的途径。

· 2.5.3　工程成本核算的程序 ·

1)工程成本项目的确定

工程成本项目是对进入工程成本的施工费用按其经济用途所划分的分类项目。

根据施工企业特点和管理要求以及现行制度的规定,工程成本项目可分为人工费、材料费、机械使用费、其他直接费和间接费用5个成本项目。

(1)人工费

人工费是指建筑企业从事建筑安装工程施工的生产人员的工资、奖金、工资性质的津贴、劳动保护费和职工福利费等。

(2)材料费

材料费是指建筑企业在施工生产过程中耗用的构成工程实体或有助于形成工程实体的原材料、辅助材料、构配件、零件、半成品的费用,以及周转材料的摊销额和租赁费用等。

(3)机械使用费

机械使用费是指建筑企业在施工生产过程中使用自有机械的使用费和租用外单位机械的租赁费,以及施工机械的安装、拆卸和进出场费等。

(4)其他直接费

其他直接费是指建筑企业在施工生产过程中除上述三项直接费用以外的其他可以直接计入工程成本的费用,如施工现场材料的二次搬运费、生产工具和用具使用费等。

(5)间接费用

间接费用是指建筑企业下属各施工单位为组织和管理生产活动所发生的费用。如生产管理人员的工资、办公费、差旅费等。

以上前4项费用构成直接成本,第5项为间接成本,直接成本加间接成本构成工程施工成本。

2)会计科目的设置

为了归集施工费用,计算工程成本,在工程成本核算中应设置和运用如下会计科目:

（1）"工程施工"科目

该科目属于成本类科目，核算施工企业实际发生的工程施工合同成本和合同毛利。本科目应设置"合同成本"和"合同毛利"两个明细科目进行核算。

①合同成本科目核算的是各项工程施工合同发生的实际成本，一般包括施工企业在施工过程中发生的人工费、材料费、机械使用费、其他直接费、间接费用等。其中，前4项费用属于直接成本费，直接计入有关工程成本，间接费用可先在本科目（合同成本）下设置"间接费用"明细科目进行核算，月份终了，再按一定分配标准分配计入有关工程成本。

②合同毛利科目核算各项工程施工合同确认的合同毛利。

施工企业进行施工发生的各项费用，借记"工程施工——合同成本"，贷记"原材料""应付工资"等。按规定确认合同收入、费用时，借记"主营业务成本"，贷记"主营业务收入"，按其差额借记或贷记"工程施工——合同毛利"。

本科目期末余额借方，反映尚未完工工程施工合同成本和合同毛利。

（2）"机械作业"科目

该科目核算施工企业及其内部独立核算的施工单位、机械站和运输队使用自有施工机械和运输设备进行机械作业（包括机械化施工和运输作业等）所发生的各项费用。实际发生的机械作业成本，记入本科目借方，按受益对象分配机械作业成本时，记入本科目贷方。期末本科目无余额。

（3）"生产成本——辅助生产成本"科目

该科目核算施工单位的辅助生产部门为工程施工等提供材料和劳务时所发生的各项耗费。实际发生的各项辅助生产成本，记入本科目借方，按受益对象分配辅助生产成本时，记入本科目贷方。期末本科目无余额。

（4）"工程施工——合同成本——间接费用"科目

该科目核算施工单位为组织和管理施工活动而发生的各项费用。实际发生的各项间接费用，记入本科目借方，月末将间接费用分配记入各工程核算对象时，记入本科目贷方。期末本科目无余额。

3）工程施工成本的归集与分配

将施工过程中发生的各项费用要素，根据审核无误的原始凭据上所确定的用途，采用一定的处理程序，按照经济用途归集和分配进入工程施工成本中的程序是：

①工程施工发生的直接费用，如直接材料、直接人工，按原始凭证上确定的工程成本对象和项目归集，直接进入该工程项目的工程成本，即分别借记"工程施工——合同成本——××工程（直接材料）"科目和"工程施工——合同成本——××工程（直接人工）"科目。

②将"机械作业"账户归集的机械作业费用，按受益对象采用一定的方法分配计入"工程施工——合同成本——××工程（机械使用费）"和"工程施工——合同成本——××工程（间接费用）"的借方，贷方登记"机械作业"账户。

③将"工程施工——合同成本——间接费用"归集的施工间接费用，按一定的方法分配进入各工程成本项目，借方登记"工程施工——合同成本××工程（间接费用）"账户，贷方登记"工程施工——合同成本——间接费用"账户。

④将"生产成本——辅助生产成本"账户归集的辅助生产费用，按受益对象采用一定方法分配进入"工程施工——合同成本""机械作业"和"工程施工——合同成本——间接费用"的

借方,贷记"生产成本——辅助生产成本"账户。

经过以上步骤,就将所有施工中发生的费用全部归集到"工程成本——合同成本"账户及其各成本核算对象。合同完工结清"工程施工"和"工程结算"账户时,借记"工程结算"科目,贷记"工程施工"。工程成本核算的基本程序如图2.1所示。

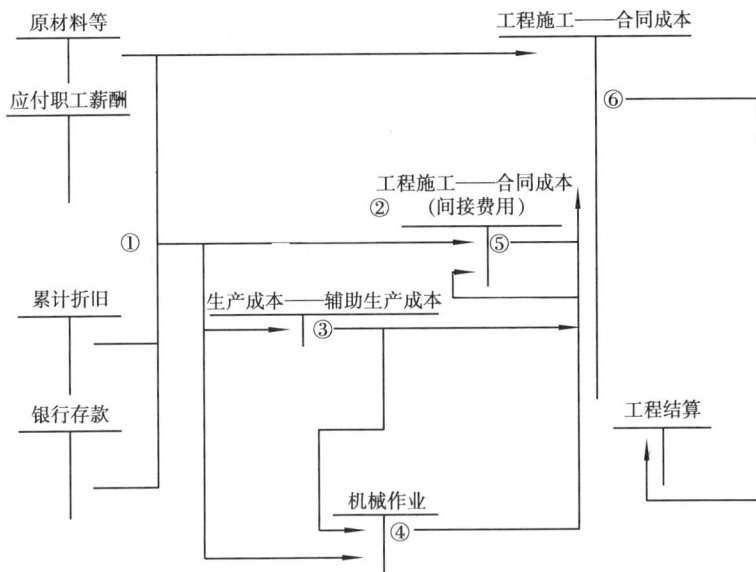

图2.1 工程成本核算程序图

说明:①—将本期发生的各生产要素归集计入各受益对象;②—归集的施工间接费用;③—分配辅助车间生产费用;④—分配机械作业费用;⑤—分配施工间接费用;⑥—结转已完工工程成本。

小结 2

工程成本会计是对建筑企业成本的确认、计量、记录、反映、考核和控制的经济管理工作,是企业管理的重要组成部分。工程成本会计一般采用分级核算,工程成本的核算对象是各项建筑安装工程,按在建工程办理工程成本的结算。工程成本的经济内容是指成本的具体构成,是与工程施工有关的各项耗费,可以从不同的角度去了解工程施工费用。施工费用按经济内容可分为外购材料费、外购动力费、职工薪酬、固定资产折旧费、其他费用等;按其经济用途可分为人工费、材料费、机械使用费、其他直接费和施工间接费用等;按其计入成本核算对象的方式可划分为直接费用和间接费用等;按其与工程量的关系可划分为固定费用和变动费用等。

为正确核算工程成本,完成工程成本核算的任务,发挥工程成本核算的作用,在工程成本核算中,我们除了应遵循企业会计制度中会计核算的一般原则外,还应做好成本核算的各项基础工作,正确划清不同成本之间的界限,完善工程成本的结算工作。

正确核算工程成本还必须合理确定核算程序,将本期发生的各生产要素归集计入各受益对象账户,分摊和预提本月应负担的费用,分配辅助车间生产费用,分配机械作业费用,分配施工间接费用,结转已完工程成本。

复习思考题 2

2.1 工程成本的经济内容是什么?

2.2 工程成本有哪几种分类方法? 各种分类各包括哪些具体内容?

2.3 简述工程成本核算的意义和任务。

2.4 如何加强成本核算的基础工作?

2.5 简述成本核算的程序。

2.6 如何正确划清不同成本之间的界限?

2.7 简述成本、费用与支出之间的关系。

3 材料费用的核算

本章导读

- **基本要求** 了解施工企业材料的分类和计价要求、周转材料(含低值易耗品)的基本内容;理解材料收发的手续及常用凭证;熟悉材料按实际成本计价核算时应开设的账户、各种途径材料收入的核算及采购保管费的核算;掌握发出材料成本的计价方法及核算、发出材料分摊采购保管费的核算;材料按计划成本计价核算时应开设的账户、各种途径材料收入及采购保管费的核算、材料成本差异的计算及发出材料时计划成本、材料成本差异的核算;周转材料(含低值易耗品)的摊销方法及核算;材料盘点盈亏及存货跌价准备的核算。
- **重点** 材料按实际成本计价核算时材料收入的核算、材料发出的计价方法、核算及采购保管费的核算;材料按计划成本计价核算时材料收入、发出的核算、材料成本差异的计算与分配;周转材料(含低值易耗品)的摊销方法及核算;材料盘点盈亏及存货跌价准备的核算。
- **难点** 材料按实际成本计价核算时材料发出成本的计价方法及核算、材料按计划成本计价核算时材料发出的核算、材料成本差异的计算与分配;周转材料(含低值易耗品)的摊销方法及核算。

材料费用的核算,是指对施工生产过程中发生的一次性耗用的原材料费用、周转使用的各种周转材料费用进行归集和分配的过程。正确核算材料费用,对于正确计算工程成本、完成材料定额、增收节支具有十分重要的意义。

3.1 材料费用核算概述

3.1.1 材料的分类与计价

1)材料的分类

施工企业所需的材料品种规格很多,性质和用途不一,而且存放地点分散,收发频繁,库存数量经常发生变动。为了加强材料管理和正确组织材料核算,必须对材料进行合理的分类。

(1)材料按其在施工过程中的用途分类

①主要材料:是指用于工程、产品,并能构成工程、产品实体的各种材料,包括黑色及有色

金属材料、木材、硅酸盐材料(即水泥、砖、瓦、石灰、砂、石等)、电器材料、建筑五金、化学油漆材料等。现在工程用混凝土出现了由专门生产混凝土公司提供,并通过专用设备直接灌装,这种直接灌装的混凝土也可当作一种材料。

②结构件:是指经过吊装、拼砌、安装即能构成房屋建筑物实体的各种金属的、钢筋混凝土的、混凝土的和木质的结构物、构件、砌块等。

③机械配件:是指用于机械设备维护修理的各种配件和零件,如齿轮、阀门、轴承等。

④其他材料:是指那些在施工生产过程中并不构成工程、产品实体的各种材料,包括燃料、油料、饲料和润滑油、擦布、绳子等辅助材料。

(2)材料按保管责任和存放地点分类

①库存材料:是指已经验收入库的各种材料,施工企业还包括已经运达施工现场并已验收的大堆材料和准备吊装的结构件。

②在途材料:是指企业已经购入,但尚在运输途中没有入库的各种材料。

③委托加工材料:是指企业委托外单位正在加工的各种材料。

④自制材料:是指施工企业自己加工、制作的各种材料。

为了适应材料的实物管理和日常核算的需要,还要按照各类材料的物理性能、技术特征、等级、成分、规格、尺寸等作进一步的明细分类。

2)材料的计价

所谓材料的计价,是指材料在核算时其入账价值的确定。施工企业的材料应按实际成本计价。材料根据其来源不同,其实际成本构成也不同。

①外购材料的实际成本,包括买价、运杂费和采购保管费等。

②自制材料的实际成本,包括材料费、人工费、制造费用等。

③委托加工材料的实际成本,包括材料费用、往返运杂费及支付的加工费等。

除了上述3种材料来源外,材料也可能由于接受捐赠、接受投资、债务重组、非货币性交易、盘盈等多种途径形成,其入账价值均应遵守实际成本计价的原则。其实际成本构成内容,应遵照企业会计准则、企业会计制度或小企业会计准则的规定。

对于不能直接计入某一种材料的支出,要按照适当的标准分摊计入。

3)材料费用的核算方法

实际工作中,反映材料实际成本的核算方法有两种:实际成本计价法和计划成本计价法。

(1)实际成本计价法

实际成本计价法是指材料的收入、发出和结存均按实际成本计价。采用这种方法,材料的总分类账与明细分类账都按实际成本进行计价,材料的收发凭证也按实际成本计价。

(2)计划成本计价法

计划成本计价是指材料的收入、发出和结存均按预先制订的计划成本计价。对计划成本与实际成本之间的差异,通过"材料成本差异"账户进行归集和分配,本月收入和发出材料的实际成本通过"原材料"和"材料成本差异"两个账户的相互关系进行确定。采用这种方法,材料的总分类账与明细分类账都按计划成本进行计价,收发材料凭证也按计划成本计价。

·3.1.2 材料收发的手续和凭证·

1)材料收入的手续凭证

（1）外来材料的手续和凭证

企业对于采购的材料,要根据供应单位的发票、运输机构的提货单、银行的结算凭证和运费账单等,办理材料验收入库和货款结算两方面的手续。

供应部门还要填一式多份的"收料单",将一份连同提货单通知运输部门办理提货手续,两份通知仓库部门准备验收材料,仓库收料并在收料单中填明实收数量后,将其中一份送交会计部门。收料单格式如表3.1所示。

表3.1 收料单
年   月   日

供应单位：   收料仓库：   库
发票号数：   运输单位：   短缺损坏清单号数：
发票金额：   元   提货单号数：   数量质量不符通知单号数：

材料编号	材料名称、型号、规格	计量单位	数量		计划价格		备 注
			应收	实收	单价	总额	

记账：   收料：   制单：

施工企业外来材料除外购材料外,还存在由发包单位或总承包单位交来的材料,企业收自发包单位或总承包单位的材料,应视同外购材料一样,填制"收料单",但须在"收料单"上注明"发包单位材料"或"总承包材料"字样。

（2）自制材料收入的手续和凭证

除外来材料,企业还有自制产生材料的收发,需要相应的手续和凭证。如辅助生产单位或施工现场交来的自制材料和清理固定资产和临时设施交来的残料,需要填制"材料交库单"格式如表3.2所示。

表3.2 材料交库单
年   月   日

交料单位：   第   号
交料原因：   收料仓库：

材料编号	材料名称规格	计量单位	数量		计划价格成本		备 注
			交库	实收	单价	总额	

记账：   收料：   交料：

（3）退料单及已领未用材料清单

各施工、生产单位领用的材料如有剩余时,要填制"退料单",及时办理退库手续。月份终了时,对下月需要继续使用的已领未用材料,要由各施工队（组）按照各项工程的用料分别盘点后,填制"已领未用材料清单"送会计部门,以便在本月发出材料成本中减去,正确计算各项工程的实际用料成本。"退料单"和"已领未用材料清单"的格式如表3.3和表3.4所示。

表3.3 退料单
年 月 日

退料原因:

原领用途或工程编号名称: 收料仓库: 号

材料编号	材料名称规格	计量单位	数 量		计划价格成本		备 注
			交库	实收	单价	总额	

记账: 收料: 退料:

表3.4 已领未用材料清单
年 月 日

施工单位:

用途或工程名称编号: 第 号

材料编号	材料名称规格	计量单位	已领未用材料数量	计划价格		备 注
				单价	总额	

记账: 材料员: 制单:

2)材料发出的手续及凭证

(1)领料单

施工企业内部各单位领用材料时,要填制"领料单",经单位主管领导批准后向仓库领用。"领料单"至少一式三份,一份在仓库发料后填列实发数量,由发料人和领料人分别签章后留存仓库,一份由领料单位留存,一份交会计部门。领料单的格式如表3.5所示。

表3.5 领料单
年 月 日

领料单位:

用途或工程编号名称: 发料仓库: 库 第 号

材料编号	材料名称规格	计量单位	数 量		计划价格成本		备 注
			交库	实收	单价	总额	

记账: 发料: 领料部门主管: 领料:

(2)定额领料单

为了考核班组的材料消耗情况,促使节约使用材料,保证降低成本计划的完成,对于各施工班组领用的材料,应有一定的限额。在每一分部工程开工以前,应由施工员根据工程任务单中所列工程内容数量,按照材料消耗定额计算出完成这一任务所需要的各种材料数量,填制

"定额领料单"。"定额领料单"应一式两份,一份交用料班组作为领料的限额凭证,一份交仓库材料员作为发料的限额凭证,发料后应在单上填实发数并盖章。已经结算的定额领料单,原由用料班组保管的一份应转交会计部门作为计算工程用料成本的依据。"定额领料单"的格式如表3.6所示。

表3.6 定额领料单

工人班组: 第 号
工程任务单编号: 工程编号名称: 工程内容数量:
填发日期: 结算日期: 月 日

材料编号	材料名称规格	计量单位	单位消耗定额	计划用量	追加数量	领料记录						退料数量	实际耗用量	计划价格		节约或超支
						月	日	数量	(略)	月	日	数量			单价	金额	
	合计															

施工员: 仓库材料员: 领料:

(3)大堆材料耗用计算单

对于领用大堆材料如砂、石、砖、瓦等,原则上也要按照上述领料手续办理。但在实际工作中,同一大堆材料常有几个单位工程共同耗用,而且领用次数较多,很难在领用时逐一点数。因此,大堆材料实际耗用量在月终采用实际盘点倒轧计算确定,其计算公式如下:

本月实际耗用量 = 月初结存数量 + 本月收入数量 − 月末盘存数量

大堆材料耗用量确定后,根据定额耗用量的比例在各种材料之间进行分配。编制大堆材料耗用单如表3.7所示。

表3.7 大堆材料耗用单

材料名称规格	计量单位	期初结存数量	本期收入数量	期末盘存数量	本期耗用数量	本期定额用量	差异数量	差异分配率	备 注			

材料名称规格												
计划单价												
工程编号名称	定额耗用量	差异分配量	用量小计	计划价格成本	定额耗用量	差异分配量	用量小计	计划价格成本	定额耗用量	差异分配量	用量小计	计划价格成本	计划价格成本合计
合 计												

记账: 材料员: 制单:

在实际工作中,大堆材料也可在季度终了或工程竣工(工期较短的工程)时进行盘点。在这种情况下,月末先按定额耗用量入账,于季末或工程竣工盘点大堆材料求得实际耗用量和差异数量后,再调整各月按定额耗用量入账的数额。

(4)领料登记簿

对于一些在施工生产中经常需用、领发次数很多、数量零星、价值不大的材料,如螺丝、螺帽、垫圈等,也可在平时不填领料单,而由领料人在领料登记簿记录领用数量,签章证明办理领料手续,于月终由施工班组或生产车间按用途汇总填制领料单,以简化凭证填制和汇总的手续。

3.2 材料按实际成本计价的核算

·3.2.1 实际成本计价法下的账户设置·

企业采用实际成本对材料日常进行核算,为了总括地核算和监督材料的收、发、结存情况,应设置以下账户:

(1)原材料

这是核算库存材料收入和发出时使用的账户。其借方登记验收入库材料的实际成本,贷方登记按先进先出法等方法计算结转的发出材料实际成本。其借方余额表示库存材料的实际成本。该账户根据施工企业对材料管理的要求,一般按某种、某类或全部材料开设明细账户。

(2)在途物资

这是核算施工企业在途材料实际成本时使用的账户,是指其借方登记现购或赊购但尚未入库材料的实际成本,贷方登记在途材料验收入库的实际成本。借方余额表示已明确购入但尚未入库材料的实际成本。该账户一般按材料供应方结合材料品种、类别来开设明细账户。

(3)采购保管费

这是用来核算总公司没有设置材料供应机构,材料由施工部门自行采购时所发生的不能直接计入某种材料成本的采购保管费用,包括采购和保管人员的工资、福利费、办公费、差旅费、固定资产折旧和修理费、工具用具使用费、劳动保护费、检验试验费、材料整理及零星运费、材料的盘亏与毁损等。该账户属资产类账户。借方归集材料由施工部门自行采购时所发生的不能直接计入某种材料成本的采购保管费用,贷方登记月末分配计入材料成本中的采购保管费。采购保管费期末是否有余额,取决于采购保管费用的分配方法。

①若把当月采购保管费用分配计入本月入库材料成本之中,则本月所归集的采购保管费要全部分配计入入库材料成本之中,分配之后,"采购保管费"账户没有余额。

②若把当月采购保管费用直接分配计入领用材料有关成本费用项目中,则分配之后,"采购保管费"存在余额,表示期末结存材料应负担的采购保管费,在编制会计报表时合并计入"存货"项目。

采用实际成本组织材料物资日常核算时,采购保管费直接分配计入领用材料有关成本费用项目中,其计算公式如下:

$$采购保管费 \atop 分配率 = \frac{采购保管费期初余额 + 本期采购保管费发生额}{月初结存材料买价和运杂费之和 + 本月购入材料买价和运杂费之和} \times 100\%$$

$$某月领用材料应分配的采购保管费 = {该月领用材料 \atop 买价加运杂费} \times 采购保管费分配率$$

·3.2.2　实际成本计价法下材料收入的核算·

1) 外购材料的核算

(1) 钱货两清

在这种情况下,会计部门凭取得的供应单位发票及运杂费有关单据、材料验收入库凭证"收料单"和本企业付款的凭证(如付款通知等)登记入账。

【例 3.1】　某施工企业购入主要材料钢材 10 t,单价 2 800 元/t,买价 28 000 元,运杂费 2 000 元。款项以银行存款支付。应作如下会计分录:

```
借:原材料——主要材料                          30 000
  应交税费——应交增值税(进项税额)             4 760
  贷:银行存款                                34 760
```

(2) 先付款后收料

在这种情况下有两种业务:一种是预付款业务,施工企业按购货合同或双方约定,先预付一定购料款给供应单位,对方发票账单尚未到达本企业,做账时只有本企业付款的凭证(如付款通知、汇款回单等);另一种是正常购料付款业务,按对方发票账单先支付货款,但材料尚未到达。

①预付款业务:

【例 3.2】　某施工企业按合同规定,先预付购买混凝土价款的30%款项共计 15 000 元给某混凝土有限公司,则应作会计分录:

```
借:预付账款——某混凝土有限公司               15 000
  贷:银行存款                                15 000
```

对方发票到达,价款为 50 000 元,款项均以存款支付,混凝土有限公司将混凝土灌装到位,施工企业验收合格,则应作会计分录:

```
借:原材料——混凝土                          50 000
  应交税费——应交增值税(进项税额)            8 500
  贷:预付账款——某混凝土有限公司             15 000
    银行存款                                43 500
```

②正常结算引起的先付款后收料业务:

【例 3.3】　某施工企业购入水泥 10 t,每吨 200 元,另支付运杂费 500 元,对方发票已到,企业开出现金支票付款。材料尚未到达,则付款时应作如下会计分录:

```
借:在途物资——某单位(水泥)                  2 500
  应交税费——应交增值税(进项税额)            340
  贷:银行存款                                2 840
```

以后材料到达验收入库则应作会计分录:

```
借:原材料——主要材料                        2 840
```

贷:在途物资	2 840

（3）先收料后付款

在这种情况下也有两种业务：一种是赊购业务，对方发票账单已到，购方无款支付，因而暂欠料款；另一种是暂估入账业务，对方先发货，但未提供发票账单，购方因没有发票而不知准确付款金额或基于对方无发票不予付款的考虑，而未支付货款。

①赊购业务：

【例3.4】　某施工企业赊购黄沙10车，每车200元，共计2 000元。黄沙已入场验收，对方发票已到，但单位未支付货款。则应作会计分录：

借:原材料——主要材料	2 000
应交税费——应交增值税(进项税额)	340
贷:应付账款	2 340

以后付款，则应作会计分录：

借:应付账款	2 340
贷:银行存款	2 340

②暂估料款入账：

【例3.5】　某施工企业采购黄沙10车，已入场验收，对方发票未到，在月中，会计部门只需将验收单单独存放，不用做账，但对方发票账单如果月末仍未到达，则按现行企业会计制度的规定，于月末对该批黄沙应暂估料款入账，暂估单价一般以预算价确定即可。假定预算价格为190元/车，则应作会计分录：

借:原材料——主要材料	1 900
贷:应付账款(暂估应付款)	1 900

下月初即用红字将该笔账用红字冲销：

借:原材料——主要材料	1 900
贷:应付账款(暂估材料款)	1 900

以后对方发票到达并付款后，按实际付款金额入账，借记"原材料"，贷记"银行存款"。

2)自制材料的核算

自制材料的核算要使用的账户主要有"生产成本——辅助生产"和"原材料"账户。"生产成本——辅助生产"账户是用来归集和分配辅助生产部门为生产某种原材料而发生的人工费、材料费及其他应计入材料成本的间接费用时使用的账户。借方登记为生产某种材料而发生的人工费、材料费及制造费用，贷方登记入库材料应结转的材料制造成本。其余额表示在制造过程中材料所占用的成本。"原材料"账户与前面所讲内容一致。

【例3.6】　某施工企业一专门生产预制板的辅助生产部门，本月领用钢筋、水泥、石子等主要材料，价值共100 000元。用于生产预制板。在生产过程中，支付生产人员工资10 000元，按此工资计提职工福利费1 400元。另发生管理人员工资、办公费、折旧等制造费用共计8 000元。则根据有关凭证作会计分录：

借:生产成本——辅助生产成本	119 400
贷:原材料——主要材料	100 000
应付职工薪酬——应付工资	10 000

应付职工薪酬——应付福利费	1 400
制造费用	8 000

假设本月完工验收入库预制板 2 000 m²,每平方米的实际成本为 50 元,则应作会计分录:

借:原材料——结构件(预制板)　　　　　　　　　　　100 000
　　贷:生产成本——辅助生产成本　　　　　　　　　　　　　100 000

3)委托加工物资的核算

委托加工物资业务是指由施工企业提供材料,由加工单位加工成施工企业所需的另一种材料,施工企业只支付加工费给受托单位的一种业务。在对委托加工材料进行核算时,应开设"委托加工物资"账户,借方登记委托加工过程中领用材料的实际成本、由施工企业负担的往返运杂费和支付给受托加工单位的加工费,如有支付的增值税及消费税等税金要一并归入其借方;其贷方登记加工完毕验收入库的加工后材料的成本。期末借方余额表示尚处于加工过程中的加工材料所占用的实际成本,该账户按委托加工物资的成本构成项目开设明细账户。

【例3.7】　某施工企业委托铝合金加工厂加工铝合金窗户,领用铝材和玻璃价值共 60 000 元,由本企业负担的往返运杂费 2 000 元,加工费 3 000 元,以银行存款支付。加工完毕,验收入库。则应作会计分录:

借:委托加工物资——材料费　　　　　　　　　　　　60 000
　　　　　　　　　——运杂费　　　　　　　　　　　　 2 000
　　　　　　　　　——加工费　　　　　　　　　　　　 3 000
　　贷:原材料——主要材料　　　　　　　　　　　　　　　60 000
　　　　银行存款　　　　　　　　　　　　　　　　　　　 5 000

验收入库时:

借:原材料——结构件(铝合金窗户)　　　　　　　　　65 000
　　贷:委托加工物资　　　　　　　　　　　　　　　　　　65 000

其他材料来源,根据企业会计准则或小企业会计准则的有关规定进行账务处理,在此不再介绍。

4)采购保管费分配的核算

施工企业如果当月有"采购保管费",则当月的采购保管费应进行分配,其中一种方法是将当月采购保管费全部分配计入各类入库材料的成本中(另一种分配方法在发出材料的核算中再进行讲解)。

【例3.8】　某施工本月归集了 5 000 元"采购保管费",本月入库材料成本(包括买价及运杂费)中,主要材料 400 000 元,结构件 50 000 元,机械配件 40 000 元,其他材料 10 000 元,则采购保管费按本月入库材料成本所占比例分配,分配率为1%(5 000/500 000),则分配采购保管费的分录为:

借:原材料——主要材料　　　　　　　　　　　　　　 4 000
　　　　　　——结构件　　　　　　　　　　　　　　　　500
　　　　　　——机械配件　　　　　　　　　　　　　　　400
　　　　　　——其他材料　　　　　　　　　　　　　　　100
　　贷:采购保管费　　　　　　　　　　　　　　　　　 5 000

· 3.2.3 实际成本计价法下材料发出的核算 ·

1) 材料发出单位成本的确定

在材料的日常核算工作中,收入的外购、自制和委托加工材料均按照实际成本登记,并逐批计算收入材料的单价和金额,进行材料收入的核算。材料发出时的实际成本怎样确定呢?因为同种材料购进批次不同,其单价因采购地的远近、批量的大小、供求关系等各方面的影响,几乎同种材料每次购入的单价均不相同,这就导致发出材料的单价很难确定。在实际工作中有先进先出法、加权平均法、移动加权平均法和个别计价法等方法可供选用。

(1)先进先出法

先进先出法就是假定先入库的材料先发出,并按该假定的材料实物流转顺序确定发出材料成本和计算结存材料成本的方法。在这种方法下,发出材料的单价首先按最先入库的那批材料的单价计价。如果领用材料的数量超过首批库存数量时,即以第二批入库材料的单价作为领用材料的单价,以此类推。如某施工企业采用"先进先出法"来算得本月某型号钢筋各批领用成本和月末存料成本如表3.8所示。

表3.8　材料明细分类账
(按先进先出法计价)

材料编号:×××

材料类别:钢筋　　　　　　　　　　　　　　　　　　　　　　　　　　　　最高存量:50

材料名称规格:×××　　　　　　　　　计量单位:t　　　　　　　　　　　最低存量:5

2017年		凭证号数	摘要	收入			发出			结存		
月	日			数量	单价	金额	数量	单价	金额	数量	单价	金额
6	1		期初结存							20	2 500	50 000
	5		领用				10	2 500	25 000	10	2 500	25 000
	10		收入	30	2 800	84 000				10	2 500	25 000
										30	2 800	84 000
	15		领用				10	2 500	25 000	5	2 800	14 000
							25	2 800	70 000			
	20		收入	20	3 000	60 000				5	2 800	14 000
										20	3 000	60 000
	23		领用				5	2 800	14 000	10	3 000	30 000
							10	3 000	30 000			
	30		收入	10	2 900	29 000				10	3 000	30 000
										10	2 900	29 000
			本月合计	60		173 000	60		164 000	10	3 000	30 000
										10	2 900	29 000

从所示材料明细分类账可知:在采用"先进先出法"计算出的发出材料成本为164 000元,结存20 t钢筋应负担的材料成本为59 000元。

(2)加权平均法

加权平均法是假定发出材料和结存材料的成本均以一个相同的价格计算的方法。这个相同的价格即是加权平均单价,是以数量为权数求得的某种材料的平均单价。具体做法是将一个月内采购某种(类)材料的实际成本,加月初结存成本,再除以月份内购入材料的数量和月初结存数量,得出加权平均单价,并以此作为当月发出材料和结存材料单价,计算发出材料成本和结存材料成本。仍以上述资料为例,采用"加权平均法"时,发出材料成本和结存材料成本如表3.9所示。

表3.9　材料明细分类账
（按加权平均法计价）

材料编号:×××

材料类别:钢筋　　　　　　　　　　　　　　　　　　　　　最高存量:50

材料名称规格:×××　　　　　　　　　计量单位:t　　　　　　最低存量:5

2017年		凭证号数	摘要	收　入			发　出			结　存		
月	日			数量	单价	金额	数量	单价	金额	数量	单价	金额
6	1		期初结存							20	2 500	50 000
	5		领用				10			10		
	10		收入	30	2 800	84 000				40		
	15		领用				35			5		
	20		收入	20	3 000	60 000				25		
	23		领用				15			10		
	30		收入	10	2 900	29 000				20		
			本月合计	60		173 000	60	2 787.5	167 250	20	2 787.5	55 750

如上述钢筋6月份内的加权平均单价为:(50 000 + 173 000)元 ÷ (20 + 60)t = 2 787.5元/t。发出材料负担的成本为167 250元,结存材料成本为55 750元。

（3）移动平均法

在计算发出材料及结存材料成本时,每购进一批材料即计算一个加权平均单价,每次发出材料和结存材料的成本按发出前的材料加权平均单价计算确定。以上述资料为例,在移动加权平均法下,本月发出材料成本及结存材料成本的计算和有关材料明细分类账如表3.10所示。

表3.10　材料明细分类账
（按移动加权平均法计价）

材料编号:×××

材料类别:钢筋　　　　　　　　　　　　　　　　　　　　　最高存量:50

材料名称规格:×××　　　　　　　　　计量单位:t　　　　　　最低存量:5

2017年		凭证号数	摘　要	收　入			发　出			结　存		
月	日			数量	单价	金额	数量	单价	金额	数量	单价	金额
6	1		期初结存							20	2 500	50 000
	5		领用				10	2 500	25 000	10	2 500	25 000
	10		收入	30	2 800	84 000				40	2 725	109 000
	15		领用				35	2 725	95 375	5	2 725	13 625
	20		收入	20	3 000	60 000				25	2 945	73 625
	23		领用				15	2 945	44 175	10	2 945	29 450
	30		收入	10	2 900	29 000				20	2 922.5	58 450
			本月合计	60		173 000	60		164 550	20	2 922.5	58 450

从以上明细账中可以看出,采用移动加权平均法算出的发出材料成本为 164 450 元,结存材料的成本为 58 450 元。这种方法与加权平均法相比,一方面可以及时提供材料收入、领用及结存金额情况,另一方面将材料核算工作分散在平时进行,月末工作量较小。

(4)个别计价法

个别计价法也叫直接认定法,即是假定能够分清发出材料是哪一次购进的,就直接用该批材料的购进单价作为发出材料的单价,并以此计算发出材料的成本。用期初材料成本加本期购进材料成本,再减去发出材料成本,就可以计算出结存材料成本。该种方法只适合单价大,进出批次少的材料。如施工企业要使用的电梯一般不会很多,每一台电梯的购进地点和单价都容易分清,就可以采用这种方法计算发出材料成本和结存材料成本。

2)发出材料的总分类核算

(1)成本费用分配的原则

成本费用分配的原则是"谁领用、谁受益、谁承担",施工企业材料费用的分配也应遵循此原则。如果是工程施工领用了材料,就应该按照工程成本核算中确定的成本计算对象确定材料费用计入哪一工程成本之中;如果是辅助生产部门领用了材料,则应计入辅助生产成本之中;如果是产品生产部门领用了材料,则材料费应计入产品的成本之中;如果是保管部门(仓库)领用材料用于维修等,则应计入采购保管费;如果是委托加工业务领用材料,则材料成本应转入委托加工材料成本之中;如果是建造自用房屋、建筑物则材料成本应计入在建工程成本之中;管理部门领用材料,材料费应计入管理费用;福利部门领用材料则材料成本应由福利费负担。因此,施工企业对发出材料进行核算时,应按领用材料的用途或领用材料的部门,确定材料成本应计入的成本费用项目,并在这一原则指导下,定期编制发出材料汇总表,进行发出材料费用分配的核算。

(2)发出材料汇总表的编制及发出材料的总分类核算

领料凭证是进行材料发出核算的原始依据。由于施工企业材料发出业务频繁,各种领料凭证数量众多,如果按每一领料凭证逐日进行核算,工作量很大。因此,为了简化核算手续,减少核算工作量,平时根据发料凭证只登记材料明细账,不直接根据每一张领料凭证编制记账凭证,发出材料的核算集中在月末进行。月末,财会部门对已标价的领料凭证,按材料类别和用途编制发出材料汇总表,作为发出材料总分类核算的依据。其中,直接灌装到工程中的混凝土验收合格后即可视同领用。发出材料汇总表示例如表 3.11 所示。

表 3.11 发出材料及费用汇总表

2017 年 6 月 单位:元

材料用途	主要材料				结构件	机械配件	其他材料	合 计
	钢 材	混凝土	其 他	小 计				
工程施工	200 000	350 000	50 000	600 000	80 000			680 000
其中:112 厂房工程	150 000	200 000	40 000	390 000	50 000			440 000
113 办公楼	50 000	150 000	10 000	210 000	30 000			240 000
机械作业						3 000	1 000	4 000
采购保管部门			1 000	1 000				1 000
管理部门		1 500	500	2 000				2 000

材料用途	主要材料				结构件	机械配件	其他材料	合 计
	钢 材	混凝土	其 他	小 计				
辅助生产		2 000	1 000	3 000				3 000
合计	200 000	353 500	52 500	606 000	80 000	3 000	1 000	690 000

记账：　　　　　　审核：　　　　　　　　　　　　制证：

根据发出材料的核算原则及月末编制的发出材料汇总表即可作如下会计分录：

借：工程施工——合同成本(112 厂房)　　　　　　　　440 000

　　　　　　——合同成本(113 办公楼)　　　　　　　240 000

　　机械作业　　　　　　　　　　　　　　　　　　　4 000

　　采购保管费　　　　　　　　　　　　　　　　　　1 000

　　管理费用　　　　　　　　　　　　　　　　　　　2 000

　　生产成本——辅助生产成本　　　　　　　　　　　3 000

　　贷：原材料——主要材料　　　　　　　　　　　　　606 000

　　　　　　　——结构件　　　　　　　　　　　　　　80 000

　　　　　　　——机械配件　　　　　　　　　　　　　3 000

　　　　　　　——其他材料　　　　　　　　　　　　　1 000

　　前面提到,采用实际成本计价,采购保管费可以有两种分配方法:一种是在每月终了,按计划分配率或实际分配率分配进入入库材料的实际成本中;另一种方法是将采购保管费在期末库存材料和本期发出材料之间进行分配,属于库存材料负担的采购保管费保留在"采购保管费"账户中形成其期末余额;属于发出材料负担的采购保管费应根据各领用部门领用材料直接成本(买价、运杂费)的比例分配计入有关工程、产品成本或其他费用项目之中。在这种情况下,由于库存材料仅仅是材料直接成本,不包括采购保管费,所以工程或产品领用材料成本还应分摊耗用材料应负担的采购保管费。

　　如果表3.11 中所列材料成本只包括买价和运杂费,发出材料成本合计为 690 000 元,各种材料结存合计为 110 000 元,本月归集的采购保管费为 20 000 元,则月末采购保管费的分配率为 2.5%(20 000÷800 000),那么还按此综合分配率分配采购保管费的分录为：

借：工程施工——合同成本(112 厂房)　　　　　　　110 000

　　　　　　——合同成本(113 办公楼)　　　　　　　6 000

　　机械作业　　　　　　　　　　　　　　　　　　　100

　　管理费用　　　　　　　　　　　　　　　　　　　75

　　生产成本——辅助生产成本　　　　　　　　　　　75

　　贷：采购保管费　　　　　　　　　　　　　　　　　17 250

　　上例中按采购保管费 1 000 元的 2.5% 计算的由采购保管费负担 25 元费用,在分配时计入管理费用之中。分配后,采购保管费账户尚有余额 2 750 元,是结存材料应负担的采购保管费。在月末编制资产负债表时合并计入"存货"项目。

3.3 材料按计划成本计价的核算

· 3.3.1 计划成本计价法下的账户设置 ·

（1）"材料采购"

该账户借方核算所采购材料的实际成本（包括材料的价款、增值税、发生的运杂费），贷方核算入库材料的计划成本，入库材料实际成本与计划成本之间的差异，从"材料采购"账户中转入一个账户专门登记材料成本差异的"材料成本差异"账户。材料验收入库阶段，"原材料"账户只登记入库材料的计划成本，另一方面将入库材料的材料成本差异从"材料采购"账户中转入"材料成本差异"账户。

（2）"原材料"

计划成本计价法下，该账户核算收发材料的计划成本，材料入库时，按计划成本借记该账户，材料发出时贷方登记发出材料的成本，期末余额表示结存材料的成本。将计划成本与实际价格之间的差异单独用"材料成本差异"账户核算，用计划成本加上（超支）或减去（节约）材料成本差异，也可以求得实际成本，满足材料按实际成本核算的要求。

（3）"材料成本差异"

本账户属于资产类账户，是"原材料"账户的附加备抵账户，用来核算企业各种材料物质（包括低值易耗品和周转材料）实际成本与计划成本之间的差异。本账户借方核算各种验收入库材料物资的差异（超支差异用蓝字登记，节约差异用红字登记，表示冲减）；贷方则核算发出材料应负担的差异（超支差异用蓝字，节约差异用红字）。期末借方余额，如是蓝字则表示结存材料物资负担的超支差异；如是红字则反映结存材料物资的节约差异。

（4）"采购保管费"

无论是按实际成本计价还是按计划成本计价，均应设置"采购保管费"账户，并考虑将采购保管费采取一定方式计入材料的实际成本中。本账户的核算内容与按实际成本计价的内容基本相同，这里不再重复。

如果材料日常收发是按计划价格计算的，材料采购保管费就可不必按入库材料进行分配，只要在月终一次计入各种、各类或全部材料采购明细分类账的合计栏内，用以计算各种、各类或全部材料实际成本合计即可，可采用以下两种方法：

①按实际分配率分配：

$$\text{采购保管费实际分配率} = \frac{\text{本月发生的采购保管费总额}}{\text{本月购入材料的买价和运杂费之和}} \times 100\%$$

$$\text{某月（或某批）购入材料应分配的采购保管费} = \text{该月购入材料的买价加运杂费} \times \text{采购保管费实际分配率}$$

②按计划分配率分配：

$$\text{采购保管费计划分配率} = \frac{\text{全年计划采购保管费总额}}{\text{全年计划采购材料物资的计划成本}} \times 100\%$$

$$\text{某月（或某批）购入材料应分配的采购保管费} = \text{该月购入材料物资的计划成本} \times \text{采购保管费计划分配率}$$

·3.3.2 计划成本计价法下材料收入的核算·

【例3.9】 某施工企业购入主要材料钢材 10 t,单价 2 800 元/t,买价 28 000 元,运杂费 2 000 元。该类钢材的计划单价为 3 100 元/t,款项以银行存款支付。应作如下会计分录:

借:材料采购——主要材料　　　　　　　　　　　　　30 000
　　应交税费——应交增值税(进项税额)　　　　　　　4 760
　　贷:银行存款　　　　　　　　　　　　　　　　　　34 760
同时:
借:原材料　　　　　　　　　　　　　　　　　　　　31 000
　　贷:材料采购　　　　　　　　　　　　　　　　　　31 000

材料成本差异并不需要每笔都进行结转。至月末,将外购材料按材料核算的要求,分品种、类别或全部材料将其应负担的材料成本差异一次性结转。

【例3.10】 某施工企业本月外购入库材料的实际成本为 200 000 元,入库材料的计划成本为 210 000 元,则其材料成本差异为节约差异 10 000 元,月末一次性结转分录为:

借:材料成本差异　　　　　　　　　　　　　　　　　10 000
　　贷:材料采购　　　　　　　　　　　　　　　　　　10 000

如果是自制材料和委托加工材料,其在自制和委托加工阶段的核算与实际成本计价时的核算一样,只是在入库时,要按照计划价格入库。一般可以随时结转其材料成本差异。

【例3.11】 假设例3.7中委托加工的铝合金窗户计划成本为 62 000 元,则在入库时作如下分录:

借:原材料——结构件　　　　　　　　　　　　　　　62 000
　　贷:委托加工物资　　　　　　　　　　　　　　　　62 000
同时结转入库材料的超支差异:
借:材料成本差异——结构件　　　　　　　　　　　　3 000
　　贷:委托加工材料　　　　　　　　　　　　　　　　3 000

·3.3.3 计划成本计价法下材料发出的核算·

1)领用材料实际成本的计算

按计划成本对材料收发进行日常核算,平时材料所用的收料、发料凭证均是按计划成本计价的,而工程或产品中的材料费用应反映实际成本,所以月末需将领用材料的计划成本调整为实际成本,其计算公式为:

$$\frac{材料成本}{差异率} = \frac{月初结存材料成本差异 + 本月收入材料成本差异}{月初结存材料计划成本 + 本月收入材料计划成本} \times 100\%$$

$$\frac{领用材料应负担}{的材料成本差异} = \frac{领用材料的}{计划成本} \times 材料成本差异率$$

$$\frac{领用材料的}{实际成本} = \frac{领用材料的}{计划成本} \pm \frac{领用材料应负担}{的材料成本差异}$$

【例3.12】 某施工企业的材料按主要材料、结构件、机械配件和其他材料进行明细核算。

期初结存主要材料的计划成本为 100 000 元,本期入库主要材料的计划成本为 900 000 元。"材料成本差异——主要材料"账户记录,月初借方余额 11 000 元,本月结转的材料成本差异为节约差异 21 000 元,则主要材料的材料成本差异分摊率为:

$$\frac{主要材料}{成本差异率} = \frac{11\ 000 + (-21\ 000)}{100\ 000 + 900\ 000} \times 100\% = -1\%$$

上述公式中,材料成本差异是节约差异则用"-"表示;同样,材料成本差异率为"-",表示的也是节约差异。

2)计划成本计价法下发出材料的核算

发出材料费用分配与按实际成本计价核算一样,也应遵循"谁领用、谁受益、谁承担"的原则。同样,为了简化核算手续、减小核算工作量,平时根据发料凭证只登记材料明细账(一般只登记数量即可),不直接根据每一张领料凭证编制记账凭证,发出材料的核算集中在月末进行。月末,财会部门根据领用材料的计划成本和应分摊的材料成本差异,按材料类别和用途,编制发出材料汇总表,据以进行发出材料费用及材料成本差异分配的账务处理。计划成本法下发出材料汇总表的一般格式示例如表 3.12 所示。

表 3.12　发出材料汇总分配表
2017 年 6 月

材料用途	主要材料					结构件		机械配件		其他材料		合　计	
	计划成本			计划成本小计	材料差异(1%)	计划成本	材料差异(-1%)	计划成本	材料差异(2%)	计划成本	材料差异(2%)	计划成本	材料差异
	钢材	水泥	其他										
工程施工	200 000	100 000	50 000	350 000	3 500	80 000	-800					430 000	2 700
其中:112 厂房	150 000	70 000	40 000	260 000	2 600	50 000	-500					310 000	2 100
113 办公楼	50 000	30 000	10 000	90 000	900	30 000	-300					120 000	600
机械作业								3 000	60	1 000	20	4 000	80
采购保管部门		1 000	1 000	10								1 000	10
管理部门		1 500	500	2 000	20							2 000	20
辅助生产		2 000	1 000	3 000	30							3 000	30
合　计	200 000	103 500	52 500	356 000	3 560	80 000	-800	3 000	60	1 000	20	440 000	2 840

记账:　　　　　　　　　　审核:　　　　　　　　　　制证:

根据月末编制的发出材料汇总表,首先作结转材料计划成本的会计分录如下:

借:工程施工——合同成本(112 厂房)　　　　　　　　　310 000
　　　　　　——合同成本(113 办公楼)　　　　　　　　120 000
　　机械作业　　　　　　　　　　　　　　　　　　　　　4 000
　　采购保管费　　　　　　　　　　　　　　　　　　　　1 000
　　管理费用　　　　　　　　　　　　　　　　　　　　　2 000
　　生产成本——辅助生产成本　　　　　　　　　　　　　3 000
　　贷:原材料——主要材料　　　　　　　　　　　　　　　356 000
　　　　　　——结构件　　　　　　　　　　　　　　　　 80 000
　　　　　　——机械配件　　　　　　　　　　　　　　　　3 000

——其他材料	1 000

然后作发出材料应分配的材料成本差异的会计分录如下：

借:工程施工——合同成本(112 厂房)	2 100
——合同成本(113 办公楼)	600
机械作业	80
采购保管费	10
管理费用	20
生产成本——辅助生产成本	30
贷:材料成本差异——主要材料	3 560
——结构件	800
——机械配件	60
——其他材料	20

3.4　周转材料和低值易耗品的核算

·3.4.1　周转材料的核算·

1)周转材料及其分类

施工企业的材料除前面所说各种一次性消耗材料外,还有那些在施工中多次周转使用且在使用中保持原有物质形态而价值逐渐转移的材料,即周转材料。这些材料,一般可分为如下4 类:

①模板:指浇制混凝土用的钢、木或钢木组合的模型板,以及配合模板使用的支撑材料和滑模材料、构件等。按固定资产管理的固定钢模及现场固定大型钢模板不包括在内。

②挡板:指土方工程用的挡土板以及支撑材料。

③架料:指搭脚手架用的竹、木杆和跳板,以及钢管脚手架及其附件。

④其他:指除上述各类外,作为流动资产管理的其他周转材料,如塔吊使用的轻轨、枕木等(不包括属于塔吊的钢轨)。

由于上列材料与一次性消耗材料不同,在核算上将它们归并在"周转材料"账户之中,并对其损耗价值采用一次摊销或待摊的方式计入工程成本的方法。

2)周转材料的摊销方法

由于周转材料在施工中能反复使用,它的价值是逐渐转移于工程成本中的,因此其损耗价值应由各个使用期间的受益对象分摊。周转材料损耗价值的摊销,一般采用如下 3 种方法:

(1)一次摊销法

一次摊销法指在领用周转材料时,将其全部价值一次计入工程成本或有关费用。这种方法适用于易腐、易糟或价值较低,使用期较短的周转材料,如安全网等。

(2)多期分摊法

①定额摊销法,即根据每月实际完成的建筑安装工程量和预算定额规定的周转材料消耗

定额,计算各月应摊销的周转材料费用。这种方法适用于各类周转材料摊销价值的计算。

$$某月应摊周转材料费 = 本月完成的实物工作量 \times 单位工程量周转材料消耗定额$$

【例3.13】 某工程现场预制混凝土构件,领用模板一批。单位模板消耗定额为80元/m³,本月实际完成100 m³。则:

本月模板摊销额 = 100 m³ × 80 元/m³ = 8 000 元

这种摊销方法虽然简便,但往往与实际模板消耗情况严重脱节。对雨篷等工程,在核算时不宜采用这种摊销方法。

②分期摊销法,即根据周转材料预计使用期限、原值、预计残值确定每期摊销额,将其价值计入工程成本或有关费用的方法。这种方法适用于脚手架、跳板、塔吊轻轨等周转材料。其计算公式:

$$每月应摊周转材料费 = \frac{周转材料原价 \times (1 - 残值占原值的百分比)}{预计使用月数}$$

【例3.14】 某工程领用木脚手架一批,计划成本10 000元,预计使用16个月。预计净残值率10%,则:

$$每月应摊销周转材料费 = \frac{10\ 000 元 \times (1 - 10\%)}{16} = 562.5 元$$

③分次摊销法,即根据周转材料预计使用次数、原值、预计残值确定每次摊销额,再根据本期使用次数确定本期应摊费用,将其价值计入工程成本或有关费用的方法。这种方法适用于预制钢筋混凝土构件时所使用的定型模板、模板、挡板及架料等周转材料。其计算公式:

$$每次周转材料摊销额 = \frac{周转材料原价 \times (1 - 残值占原值的百分比)}{预计使用次数}$$

本期摊销额 = 每次摊销额 × 本期使用次数

【例3.15】 某施工企业有一套大模板,它的造价为8 000元,预计使用6次,本月使用2次,预计净残值率10%,则:

$$每次应摊销模板费用 = \frac{8\ 000 元 \times (1 - 10\%)}{6} = 1\ 200 元$$

本期摊销额 = 1 200 元/次 × 2 次 = 2 400 元

对各种周转材料的具体摊销方法,由企业根据具体情况确定,一经确定,一般不得随意改变,如果改变,需在会计报表附注中加以说明。

由于施工企业的周转材料大都是在露天存放和使用,受自然影响物理损耗较大,而且施工过程中安装拆卸周转材料的技术水平和施工生产工艺的高低对周转材料的使用寿命也产生着很大影响。因此,在实际工作中,周转材料无论采用哪一种摊销方法,平时计算的摊销额,一般都不可能与实际损耗价值保持一致,企业如有短缺报废、工程竣工或不需用退库,以及转移到其他工程的周转材料,应及时办理有关手续并确定补提摊销额。

3)周转材料的摊销核算

【例3.16】 以上例3.15资料为例,在首次领用时,即作会计处理:

借:周转材料——在用　　　　　　　　　　　　　　　　　　8 000
　贷:周转材料——在库　　　　　　　　　　　　　　　　　　　　8 000

第 1~5 次使用后即作摊销的会计处理(假设平时计算的摊销额与实际损耗价值保持一致):

借:工程施工   1 200

 贷:周转材料——摊销   1 200

如果平时计算的摊销额,在盘点时认定实际损耗价值未保持一致,则需补提或减提,但分录模式与上面一致,只是数据不同。

报废时有残料 300 元入库时:

借:原材料——其他材料   300

 工程施工   1 700

 贷:待摊费用——摊销   2 000

该模板报废后,实物不存在或已改变性质,而"周转材料——在用"和"周转材料——摊销"明细账仍未结平,必须对冲结平:

借:周转材料——摊销   8 000

 贷:周转材料——在用   8 000

· 3.4.2 低值易耗品的核算 ·

1) 低值易耗品的概念及分类

低值易耗品在新的企业会计准则中划归为周转材料,由于施工企业的低值易耗品较多,为了便于管理和核算,可以将其从"周转材料"中分离出来,单独设置"低值易耗品"科目核算。低值易耗品是指施工企业所拥有的使用时间较短、价值较小,不能作为固定资产核算的各种用具和物品。按照低值易耗品在施工生产中的用途将其划分为以下 4 类。

①生产用具:指施工、生产过程中使用的各种工具、器具、仪器等,如手推车、铁锹、铁镐、灰桶等。

②管理用具:指管理和服务过程使用的各种办公用品、家具用品、消防器具等,如办公桌、椅、柜等。

③劳保品:指在施工生产中保护职工劳动安全的工作服、安全帽、雨衣、胶鞋以及安全带等各种劳动保护用品。

④玻璃器皿:指试验用的各种玻璃器皿。

2) 低值易耗品的摊销方法

为了核算领用低值易耗品的价值减少额,必须正确计算领用低值易耗品的价值摊销额。低值易耗品价值摊销额的计算一般采用如下 3 种方法:

①一次摊销法,即是在领用时,一次将低值易耗品的全部价值计入领用工程或有关项目的成本之中。这种方法适用于那些价值较小、使用时间较短的低值易耗品使用。

②五五摊销法,称"五成摊销法",即在领用时先摊销其计划成本(或实际成本)的 50%,报废时再摊销剩下的 50%(扣除收回的残料价值)。这种方法适用于价值较大、使用期限较长的低值易耗品价值的摊销。它是待摊法的一种特例。

③待摊法,即把低值易耗品的价值扣除预计的残值后按照预计使用期限分期摊入成本费用等项目之中的方法。该种方法适用于价值大、使用期较长的低值易耗品价值的摊销。

3）低值易耗品摊销的核算

（1）一次摊销法的应用举例

【例 3.17】 施工企业某施工队本月领用安全网一批,实际成本为 5 000 元。该企业采用一次摊销法对领用低值易耗品的价值进行摊销,假设没有残值,则领用时应作会计分录:

借:工程施工   5 000
　　贷:低值易耗品   5 000

假设报废时,残值现金收入 50 元,则列作营业外收入:

借:库存现金   50
　　贷:营业外收入   50

（2）五五摊销法的应用举例

【例 3.18】 施工企业某施工队本月领用生产用具一批,计划成本为 8 000 元,材料成本差异分摊率为 2%。该企业采用五五摊销法对领用低值易耗品的价值进行摊销,假设没有残值,则:

①领用时由在库转为在用:

借:低值易耗品——在用   8 000
　　贷:低值易耗品——在库   8 000

②同时摊销其价值的 50% ,计 4 000 元,应作会计分录:

借:工程施工   4 000
　　贷:低值易耗品——摊销   4 000

③当月末要按摊销额的 2% 分摊材料成本差异:

借:工程施工   80
　　贷:材料成本差异——低值易耗品   80

假设该批生产用具 5 个月后全部报废,残料作价 400 元入库,则报废的当月应作如下账务处理:

①借:原材料——其他材料   400
　　　工程施工   3 600
　　贷:低值易耗品——摊销   4 000

②借:原材料——其他材料   8
　　　工程施工   72
　　贷:材料成本差异——低值易耗品   80

③借:低值易耗品——摊销   8 000
　　贷:低值易耗品——在用   8 000

（3）分次或分期摊销法的应用举例

【例 3.19】 施工企业某施工队本月领用生产用具一批,计划成本为 8 000 元,材料成本差异分摊率为 2%。该企业采用待摊法对领用低值易耗品的价值进行摊销,摊销期为 8 个月,不预计期残值,则本月应作会计分录:

借:低值易耗品——在用   8 000
　　贷:低值易耗品——在库   8 000

在摊销期的 1—7 月,每月末要根据计算计划成本的摊销额 1 000 元(8 000/8)进行账务

处理:

```
    借:工程施工                                   1 000
        贷:低值易耗品——推销                            1 000
```

同时,每月末要按摊销额的 2% 分摊材料成本差异:

```
    借:工程施工                                     20
        贷:材料成本差异——低值易耗品                       20
```

假设第 8 个月该批生产用具全部报废,残料作价 400 元入库,则 8 月末应作如下账务处理:

```
①借:原材料——其他材料                            400
    工程施工                                     600
    贷:低值易耗品——摊销                            1 000
②借:原材料——其他材料                              8
    工程施工                                      12
    贷:材料成本差异——低值易耗品                        20
③借:低值易耗品——摊销                            8 000
    贷:低值易耗品——在用                            8 000
```

在采用分期(分次)摊销法时,要为各类不同摊销率的在用低值易耗品设置明细分类账,反映各个部门各类在用低值易耗品增加、减少、结存的计划价格成本(或实际成本)和已摊销额。

3.5　材料盘点及跌价准备计提的核算

· 3.5.1　材料盘点的核算 ·

为了保证材料的安全完整,使材料账面记录与实际数量保持一致,施工企业应建立材料清查盘点制度,定期与不定期地对材料进行清查盘点。一般对大堆材料每月至少应盘点一次,对其他材料应进行经常的轮流盘点和重点盘点。企业会计制度规定,为了使年度会计报表数据正确可靠,在编制年度会计报表之前应对所有材料进行一次清查盘点。

材料清查盘点人员发现实存材料数量和"材料卡片"或材料明细账记载数量不一致时,应填制"材料盘点盈亏报告单"(见表 3.13),提出处理意见,按规定报有关部门审批。

表 3.13　材料盘点盈亏报告单

2017 年 12 月 31 日

材料二级科目	材料编号	材料品名规格	计量单位	数　量		计划单价	盘　盈		盘　亏		盈亏原因	分摊材料成本差异(+2%)
				账存	实存		数量	金额	数量	金额		
合计												

清查小组负责人:　　　　　　仓库负责人:　　　　　　　　　　　保管:

为了核算材料清查过程中的盘盈和盘亏情况,应设置"待处理财产损益——待处理流动资产损益"账户进行核算。该账户借方登记未处理的材料盘亏和已处理的材料盘盈,贷方登记未处理的盘盈和已处理的盘亏。其余额可能在借方表示尚未处理的盘亏;也可能在贷方表示未处理的盘盈。

材料清查过程中的盘亏,应先根据"材料盘点盈亏报告单",登记有关材料明细账卡,并作如下分录入账:

借:待处理财产损益——待处理流动资产损益

　　贷:原材料

为了核算材料盘亏的实际损失,在材料收发按计划成本计价时,还要将盘亏材料所负担的材料成本差异自"材料成本差异"账户转入"待处理财产损益——待处理流动资产损益"账户的借方(如是节约差异用红字):

借:待处理财产损益——待处理流动资产损益

　　贷:材料成本差异

经有关部门批准后,再根据"材料盘点盈亏报告单",分不同情况进行账务处理。如属定额内自然损耗等,可计入材料成本,记入"采购保管费"账户的借方;如是收发记账时登记错误造成串户的,按规定程序更正;不管什么原因造成的,只要是有责任人(运输公司、保险公司及其他人员),一律记入"其他应收款——×××"中;一般管理原因造成的,又无法找到责任人赔偿的,应列作"管理费用";人力不可抗拒的力量造成的,除去有赔偿的部分后,列入"营业外支出"。即分情况作如下会计分录:

借:采购保管费

　　管理费用

　　其他应收款

　　营业外支出

　　贷:待处理财产损益——待处理流动资产损益

对于材料盘盈,原因不清时,应根据盘点报告单登记材料明细账,同时,按计划成本借记"原材料"和贷记"待处理财产损益——待处理流动资产损益"。

借:原材料

　　贷:待处理财产损益——待处理流动资产损益

根据查明的原因,按规定报经批准后,分别进行处理。在无法查明原因时,盘盈材料应冲减"管理费用"。

借:待处理财产损益——待处理流动资产损益

　　贷:管理费用(小企业列作营业外收入)

·3.5.2　材料跌价准备计提的核算·

按照企业会计准则和企业会计制度的规定,企业在编制年度报表时,应对材料等存货进行全面清查,如发现有遭受毁损、全部或部分陈旧过时或销售价格低于成本等原因,使材料等存货成本不能收回的部分,应当提取存货跌价准备。按照小企业会计准则规定,小企业不计提存货跌价准备。

提取存货跌价准备时,应设置"存货跌价准备"账户。"存货跌价准备"账户是原材料等存货账户的备抵账户,用以核算企业提取的存货跌价准备,期末对本期计算出材料等存货可变现净值低于成本的差额,应记入"资产减值损失——计提的存货跌价准备"账户的借方和"存货跌价准备"账户的贷方:

借:资产减值损失——计提的存货跌价准备

贷:存货跌价准备

如已提跌价准备的存货的价值以后又得以恢复,应在原计提的范围内冲回已提的跌价准备。

借:存货跌价准备

贷:资产减值损失——计提的存货跌价准备

期末"存货跌价准备"的贷方余额,在编制资产负债表时,应将它从"存货"项目中减去。

小结 3

材料费用核算是施工企业的一项重要核算内容。主要包括一次性消耗材料即主要材料和周转材料、低值易耗品。企业可以通过实际成本计价法和计划成本计价法核算出材料的实际成本。企业按实际成本计价法核算材料收发时,对于发出材料的成本应采用先进先出法、加权平均法、个别计价法等方法计算确定。企业按计划成本计价对材料收发进行核算时,应按期结转材料成本差异,将计划成本调整为实际成本。周转材料是施工企业所特有的一类工具性材料,具有多次周转使用的特点,其使用价值和价值分离,对其损耗的价值一般采用一次摊销或分期摊销法分摊进入施工成本及有关项目。低值易耗品也是周转材料,其损耗价值一般通过一次摊销法、五五摊销法或分期摊销法等方法分摊进入施工成本及有关项目。施工企业应建立材料清查盘点制度,定期或不定期对材料进行盘点,根据盘点情况进行账务处理,以保证账实相符。年终各种材料应进行价值清理,根据清理结果及适用的会计准则,决定是否计提存货跌价准备。

复习思考题 3

3.1 施工企业的材料包括哪些?

3.2 什么叫作采购保管费? 在材料按实际成本计价时,其分配方法有哪两种?

3.3 在材料按计划成本计价时,采购保管费如何分配?

3.4 施工企业的材料主要从哪些方面收入? 又向哪些方面发出? 在收发材料时,要采用哪些材料收发凭证?

3.5 什么叫作"材料成本差异"? 它分哪两种差异? 什么叫作"材料成本差异分摊率"? 它是怎样进行计算的? 对耗用材料的成本差异是怎样进行调整的?

3.6 什么叫作"大堆材料"? 各工程耗用大堆材料的实际成本是怎样计算的?

3.7 材料日常收发在按实际成本计价时,为什么会发生发出材料的计价问题? 发出材料的计价方法通常有哪几种? 这些计价方法各建立在哪种假定上?

3.8　什么叫作周转材料？周转材料的摊销方法有哪些？

3.9　施工企业的低值易耗品包括哪些？其摊销方法有哪些？

3.10　为什么要对材料进行清查盘点？材料盘盈盘亏各应怎样加以处理？

3.11　练习按实际成本计价进行材料发出的核算。

（1）资料：某施工企业 2017 年 9 月水泥材料的明细账如下：

材料明细分类账

材料编号：×××

材料类别：水泥　　　　　　　　　　　　　　　　　　　　　　　　最高存量：40

材料名称规格：×××　　　　　　　　计量单位：t　　　　　　　　最低存量：5

2017 年		凭证号数	摘　要	收　入			发　出			结　存		
月	日			数量	单价	金额	数量	单价	金额	数量	单价	金额
6	1		期初结存							20	200	4 000
	5		领用				10					
	10		收入	30	220	6 600						
	15		领用				25					
	20		收入	10	240	2 400						
	23		领用				15					
	30		收入	20	210	4 200						
			本月合计									

（2）要求：请根据该明细账提供的资料，用先进先出法、加权平均法分别在明细账中计算出发出材料的成本和结存材料的成本。

3.12　练习按计划成本计价进行材料收入核算。

（1）资料：某施工企业各项主要材料在 2017 年度的计划单价及 9 月初结存数量如下表：

项　目	计量单位	单价/元	9 月初结存数量
钢筋	t	2 500	20
木材	m³	800	20
水泥	t	460	10
黄沙	t	10	20
石子	t	10	20
统一砖	千块	150	80
混凝土	m³	1 000	0

9 月初各项主要材料的实际成本为 86 000 元（企业为一般纳税人）。

在 9 月份内，共发生了下列有关主要材料的采购业务：

①在 9 月 5 日，收到钢筋 10 t，发票价格 2 550 元/t，运杂费共 400 元，均用结算户存款支付。

②9 月 7 日，收到水泥 20 t，发票价格 410 元/t，料款暂欠，运杂费 200 元，用结算户存款支付。

③9 月 9 日,收到木材 10 m³,发票价格880 元/m³,运杂费共300 元,均用结算户存款支付。

④9 月 12 日,收到黄沙 20 t,发票价格110 元/t,料款暂欠,运杂费 600 元,用结算户存款支付。

⑤9 月 14 日,收到石子 200 t,发票价格 100 元/t,运杂费共 1 200 元,均用结算户存款支付。

⑥9 月 18 日,收到水泥 20 t,9 月 30 日时发票账单仍未到,先按计划价格暂估入账。

⑦9 月 26 日,收到某木材公司发出 10 元/m³ 的木材,计 8 200 元(包括运杂费 300 元)的发票和结算凭证,已用结算户存款支付,但材料尚未到达。

⑧9 月 27 日,汇总某混凝土有限公司本月送灌混凝土 800 m³,验收合格,总价款 788 000 元均用结算户存款支付。

⑨9 月 30 日,材料采购保管费按采购材料(已入库材料的)计划成本的 1% 摊入材料采购成本。

(2)要求:

①为各项经济业务编制会计分录。

②计算出 9 月份主要材料的材料成本差异,并作结转的分录。

③计算 9 月份主要材料的材料成本差异分摊率。

3.13 练习按计划成本计价进行材料发出的核算。

(1)资料:

资料续练习 3.12 中的材料,该施工企业在 2017 年的 9 月份内领用情况如下:

①112 工程领用钢筋 15 t,113 工程领用钢筋 5 t。

②112 工程领用木材 10 m³,113 工程领用木材 10 m³。

③112 工程领用水泥 25 t,113 工程领用水泥 20 t。

④供应部门领用木材 10 m³,委托某门窗加工厂加工门窗。

⑤112 工程领用统一砖 40 千块,113 工程领用统一砖 20 千块。

⑥辅助生产单位领用钢筋 5 t 用于生产预制板。

⑦112 工程使用混凝土 500 m³,113 工程领用混凝土 300 m³。

⑧9 月末,盘点现场结存材料:计有黄沙 4 t,石子 2 t。

(2)要求:

①编制上述主要材料发出汇总表。

②根据上述主要材料发出汇总表,编制发出材料计划成本和材料成本差异结转的分录。

3.14 练习低值易耗品核算。

(1)资料:某施工企业的第一施工队 2017 年 9 月份领用劳保用品一批,账面原值 6 000 元;另外 9 月份有一批劳保用品作报废处理,账面原值 8 000 元,无残值,该企业按实际成本计价,采用五五摊销法对其摊销额进行核算。

(2)要求:

①根据上述资料作 9 月份劳保用品领用和报废时的账务处理。

②如果上述账面原值是劳保用品的计划成本,材料成本差异率为 -1%,请编制 9 月份劳保用品领用、报废及结转其应负担材料成本差异的会计分录。

4　人工费用的核算

本章导读

- **基本要求**　了解施工企业人工费用的含义、构成、核算账户和确认、计量要求;理解职工薪酬的构成、职工薪酬核算中的常用凭证及计算方法;熟悉职工薪酬算时应开设的账户、职工薪酬分配表的编制;掌握薪酬分配及发放的账务处理、职工福利费、社会保险费、住房公积金、工会经费、职工教育经费、非货币性福利等各种工资附加费用使用的账务处理、分配表的编制及分配的账务处理、解除劳动关系给予职工补偿的账务处理。
- **重点**　人工费用的构成和确认、计量要求;职工薪酬的计算方法、职工薪酬分配表的编制及分配、发放的账务处理;职工福利费、社会保险费、住房公积金、工会经费、职工教育经费、非货币性福利等各种工资附加费用分配表的编制及分配、使用的账务处理。
- **难点**　职工薪酬的计算方法、职工薪酬分配表的编制及其账务处理;职工福利费、社会保险费、住房公积金、工会经费、职工教育经费等各种工资附加费用分配表的编制及其账务处理。

人工费用是施工企业应付职工薪酬的总称,主要包括应付职工工资、职工福利费用、社会保险费用、住房公积金、工会经费和职工教育经费、非货币性福利支出、解除劳动关系时给予职工的补偿及其他相关支出。正确核算应付职工薪酬可以促使企业节约人工费用,防止工程成本中人工费用的超支,达到降低工程成本的目的,对整个国民收入分配也产生重大影响。

4.1　职工薪酬概述

· 4.1.1　职工薪酬的概念 ·

根据企业会计准则的规定,职工薪酬是指企业为获得提供的服务而给予各种形式的报酬及其他相关支出。换句话说,职工薪酬是企业使用职工的知识、技能、时间和精力等而给予职工的一种补偿或报酬。职工薪酬具体包括以下内容:
①职工工资、奖金、津贴和补贴;
②职工福利费;
③医疗保险费、养老保险费、失业保险费、工伤保险费和生育保险费等社会保险费;

④住房公积金；

⑤工会经费和职工教育经费；

⑥非货币性福利；

⑦因解除与职工的劳动关系给予的补偿；

⑧其他与获得职工提供的服务相关的支出。

· 4.1.2　职工薪酬会计核算应设置的会计科目 ·

企业为了核算职工薪酬,应当设置"应付职工薪酬"总账科目,进行总分类核算,并在总账科目下分别设置"应付工资""应付福利费""应付社会保险费""应付住房公积金""应付工会经费""应付职工教育经费"等明细科目,进行明细核算。

· 4.1.3　职工薪酬的确认与计量 ·

根据企业会计准则的规定,企业应当在职工为其提供服务的会计期间,将应付的职工薪酬确认为负债,因解除与职工的劳动关系给予的补偿除外,应当根据职工提供服务的受益对象,分下列情况处理：

①应由生产产品、提供劳务负担的职工薪酬,计入产品成本或劳务成本。

②应由在建工程、无形资产负担的职工薪酬,计入固定资产或无形资产成本。

③前两项之外的其他职工薪酬,计入当期损益。

职工薪酬的组成内容不同,其具体会计核算也各不相同。但职工工资费用是基础,其他费用一般都根据职工工资费用计算和分配,所以本章详细讲述工资费用的核算,其他工资附加费用简要说明。

4.2　工资费用的核算

· 4.2.1　工资总额的构成 ·

1989 年国家统计局第 1 号令《关于职工工资总额组成的规定》中将企业工资总额分成 6 个部分：

（1）计时工资

计时工资指按计时工资标准(包括地区生活补贴)和工作时间支付给职工的劳动报酬,主要包括对已做工作按计时标准支付的工资、实行结构工资制的单位支付给职工的基础工资和职位(岗位)工资、新参加工作职工的见习工资(学徒生活费)等。

（2）计件工资

计件工资指对已做工作按计件单价支付的劳动报酬。其主要包括:实行超额累进计件、直接无限计件、限额计件、定额计件等工资制,按劳动部门或主管部门批准的定额和计件单价支付的工资;按工作任务包干方法支付的工资。

（3）奖金

奖金指支付给职工的超额劳动报酬和增收节支的劳动报酬,如生产奖(包括超产奖、质量奖、安全奖、考核各项经济指标的综合奖、提前竣工奖、外轮速遣奖、年终奖、劳动分红等),劳动竞赛奖(包括发给劳动模范、先进个人的各种奖金和实物奖励等)。

(4)津贴和补贴

津贴和补贴指为了补偿职工特殊或额外的劳动消耗和因其他特殊原因支付给职工的津贴,以及为了保证职工工资水平不受物价影响支付的物价补贴。津贴包括补偿或额外劳动消耗的津贴(如高空津贴、井下津贴等)、保健津贴、技术津贴(如工人的技师津贴)、工龄津贴及其他津贴(如直接支付的伙食津贴、合同制职工工资性补贴及书报费等)。

(5)加班加点工资

加班加点工资是指按规定支付给职工的加班加点工资。

(6)特殊情况下支付的工资

特殊情况下支付的工资包括:根据国家法律、法规和政策规定,因病、工伤、产假、计划生育、婚丧假、事假、定期休假、停工学习、执行国家和社会义务等原因按计时工资或计件工资标准的一定比例支付的工资,附加工资、保留工资等。

应注意,职工在以下情况所得收入不应列入工资总额:职工购买本单位股票及债券而分得的股息、红利和利息;根据国家或省级政府的规定为职工支付的社会保障性缴款如养老保险、失业保险、医疗保险;从已提取的职工福利费中支付的各项福利支出,如福利人员工资、职工生活困难补助、探亲路费等;各项劳动保护支出;职工调动工作的旅费和安家费;职工退休、退职待遇的各项支出;企业负担的住房公积金;独生子女补贴;误餐补贴;各种与劳动无直接关系的资金,如创造发明奖、科技进步奖、合理化建议奖、技术进步奖;住房补贴(是指根据省级税务机关审核确认的标准支付的住房补贴,不包括从住房周转金中支付的住房补贴等)。

·4.2.2 工资费用核算的原始凭证·

施工企业根据施工人员的类别不同,可以分别采用不同的工资计算办法,其中计时工资、计件工资是工资的主要构成内容,对于施工人员、学徒、工程技术人员的工资一般可以采用计时或计件的办法计算,管理人员、服务人员及其他人员主要是采用计时的办法计算。因此,在这里主要介绍各个施工班组应提供和填制的用于计时工资和计件工资计算的原始凭证,即班组核算资料。

(1)考勤表

考勤表也称计工单,对于施工人员、学徒、工程技术人员等职工,应由班组长或考勤员按每施工人员逐日记录其出勤作业时数和缺勤停工等非作业时数,它是计算每位施工人员工资的原始依据;其他人员由其职能部门根据具体情况,设置考勤表,并由专人加以记载。考勤表示例如表4.1所示。

(2)工时汇总表

每月末,要根据"考勤表"编制工时汇总表,用以计算每个施工班组应得的工资,同时据以确定工资费用应计入的成本费用项目。工时汇总示例如表4.2所示。

(3)工程任务单

工程任务单是记录职工完成工程数量的原始单据,一般依据该凭证计算职工应得奖金和计件工资。工程任务单是根据施工作业计划,由施工员签发给各施工班组,任务单中的工程任务完成后,按每月签发的"工程任务单"于月末进行结算。其填写示例如表4.3所示。

表 4.1 考勤表

工人班组：王平　泥工组　　　　　　　　　　　2017 年 6 月

姓名	出工情况	出勤记录							工时合计						
		1	2	3	4	5	…	31	出工	其中加班加点	公假	病假	事假	工伤假	雨休
王平	作业时数	8	8	8	8				160	16	8	24	8		
	未出工及原因					事/8									
伍华	作业时数	8		8	8				142	20	16	32			
	未出工及原因		病/8												
合　计		…	…	…	…	…	…	…	980	180	54	78	20		
施工作业合计	工程编号名称 办公楼	…	…	…	…	…	…	…	420	120					
	宿舍	…	…	…	…	…	…	…	360	40					
	食堂	…	…	…	…	…	…	…	200	20					

班组长：　　　　　　　　　　　　　　　　考勤员：

表 4.2 （建筑安装工人）工时汇总表
2017 年 6 月

工人班组	工种	作业工时				非作业工时				
		办公楼	宿舍	食堂	合计	公假	病假	事假	工伤假	雨休
王平	泥工	420	360	200	980	54	78	20		
⋮	⋮	⋮	⋮	⋮	⋮	⋮	⋮	⋮	⋮	⋮
合计		20 000	8 000	12 000	40 000					

表 4.3 工程任务单
第　号

工人班组：王平　泥工组　　　工程编号名称：101 办公楼　　　分部工程名称：砖基础工程

劳动定额编号	施工项目及施工条件	计量单位	计划任务			实际完成		完成定额/%	工资	
			工程量	劳动定额	定额工日数	工程量	实际工日数		计件工资/(元·m⁻³)	工资总额
1-20	砖基础	m³	200	0.9	160	200	150	106.67	30	6 000
	技术操作和质量要求						质量等级评定			
备注：计划开工和完工 5 月 20 日—6 月 5 日，实际开工和完工 5 月 20 日—6 月 2 日										

施工员：　　　质量检查员：　　　定额员：　　　班组长：　　年　月　日结算

·4.2.3 工资费用的计算·

1)计时工资的计算

应付职工的计时工资,是根据"考勤表"的作业工日、非作业工日和工资登记卡的工资标准计算的,管理人员、服务人员及其他人员采用计时工资计算。

(1)月薪制

$$日标准工资 = \frac{月标准工资}{每月平均工作日数}$$

式中每月平均工作日数为 20.92 日(以 1 年 365 日减去 52 个周末计 104 个休假日和 10 个法定休假日除以 12 求得)计算,新的法定假日实施后,应随之调整。月薪制一般适用于固定职工。

(2)日薪制

$$应付工资 = 本月实际出勤天数 \times 日标准工资$$

日薪制一般适应于临时职工。

如泥工王平的月标准工资为 1 200 元,6 月份作业工日为 16 日,公休假 1 日,事假 1 日,病假 6 日(其中 2 日为周末休假日),周末休假日 8 日(其中 2 日在病假期间),则他的:

$$日标准工资 = 1\ 200\ 元 \div 20.92 = 57.36\ 元$$

$$应付月计时工资 = 57.36\ 元 \times 16 = 917.78\ 元$$

公休假 1 日和病假 4 日另按日标准工资和病假工资标准计算。

2)计件工资的计算

应付工人的计件工资,是根据"工程任务单"中验收的合格工程量乘以规定的计件单价计算的。

(1)个人计件工资的计算

$$应付计件工资 = \sum (验收合格工程量 \times 计件单价)$$

(2)小组集体计件工资的计算

先按小组集体完成的合格工程量和计件单价,求得小组应得的计件工资总额,然后在小组成员之间根据每个工人的日标准工资和实际作业工日计算的标准工资的比例进行分配。

$$分配系数 = \frac{小组集体计件工资总额}{按每个工人的日标准工资和实际作业工日计算的标准工资} \times 100\%$$

$$某工人应得工资 = \frac{该工人的日标准工资和实际}{作业工日计算的标准工资} \times 分配系数$$

如由 3 个不同工资等级工人组成的泥工小组,在某月份内共完成 200 m³ 砖基础砌筑工程。砖基础计件单价为 30 元/m³,则:

$$应付小组计件工资 = 30\ 元/m³ \times 200\ m³ = 6\ 000\ 元$$

小组每个工人的工资等级、日标准工资、实际作业工日和按日标准工资计算的标准工资如表 4.4 所示。

表4.4　计件工资分配表

工人	工资等级	日标准工资/元	实际作业工日/日	计时标准工资/元	分配系数	应付计件工资/元
甲	5	100.00	20	2 000.00		2 500
乙	4	80.00	20	1 600.00	6 000/4 800 = 1.25	2 000
丙	3	60.00	20	1 200.00		1 500
合计			60	4 800.00		6 000

3)职工奖金、津贴、补贴的计算

施工企业应付的各项工资性奖金,应根据各施工生产单位和职能部门的评定和分配结果进行计算。凡有定额考核的一线工人,应以劳动定额、消耗定额为依据,按照完成施工生产任务的质量、效率、安全、节约和出勤情况,按月进行考核,实行按分计奖。对于无定额考核的二线人员和技术、管理、服务人员,应在建立部门、个人经济责任制的基础上,根据任务轻重、工作难易、责任大小等,实行计分办法,按月或按季进行考核,按分计奖。各种工资性的津贴和补贴,不论是实行计时工资或是计件工资,均应按照国家和地区的有关规定计算。

4)加班加点工资的计算

加班加点工资应按加班加点工日(或工时)和日(或时)标准工资计算。其计算公式:

应付职工的加班加点工资 = 加班加点工日(或工时) × 日(或工时)标准工资

5)其他工资的计算

其他工资是根据劳动保险条例规定,职工因工负伤,其医疗、休养期间的工资应按标准工资支付。职工因病或非因工负伤,根据其医疗时间的长短不同,按不同标准支付其工资。

6)应付工资与实发工资的计算

通过以上计算,就可求得企业应付给每个职工的计时工资和计件工资,再加上应支付给每个职工应得的经常性奖金和津贴等,即为企业应付职工工资额。

应付工资 = 计时工资 + 计件工资 + 计入工资总额的奖金、津贴、补贴 +
加班加点工资 + 其他工资

在应付工资的基础上,再扣除一些代扣代缴款项,即可计算出实发工资。每个职工的代扣代缴款项一般是不相同的,因而应根据扣款通知单中所列的代扣代缴款项据实扣除,如代扣水电费、代缴个人所得税、住房公积金、养老保险、医疗保险等。

实发工资 = 应付工资 - 代扣代缴款项

·4.2.4　工资及福利费用的核算·

1)工资结算汇总凭证的编制

为了进行工资费用的核算,应在上述工资核算的原始凭证和工资计算的基础上,编制工资结算凭证,据以进行工资的结算和支付。工资结算凭证可以采用"工资结算单"的形式,也可以采用"工资结算卡片"的形式。

根据各个工人班组和部门的"工资结算单"或各施工生产单位的"工资汇总表",还要汇总编制"工资结算汇总表",用以汇总反映整个企业各单位、各部门的应付工资及实发工资。工资结算汇总表如表4.5所示。

2)工资费用的核算

工资的核算主要包括两大部分:一部分是工资结算的核算,它是以"职工工资结算汇总表"及其附件为原始凭证,反映职工工资的发放情况和代扣代缴款的扣除及缴纳情况;一部分是工资费用分配的核算,将所发生的工资费用记入有关工程成本或期间费用之中。

为了核算企业工资的结算和分配情况,应设置"应付职工薪酬——应付工资"账户,该账户属于负债类账户,贷方登记企业应付的职工工资额,借方登记与职工的工资结算情况,贷方余额表示应付未付的职工工资额。

(1)工资结算的核算

工资结算的核算,主要是对工资发放的情况加以核算。一般是按照"职工工资结算汇总表"(见表4.5)的实发工资数,从银行提取现金,然后将现金发放给职工个人。下面举例说明。

表4.5 职工工资结算汇总表

2017年6月 单位:元

人员类别	作业工资		资金、津贴、补贴				非作业工资		劳保工资	应付工资	代缴款	实发工资
	计时/计件工资	加班加点工资	奖金	津贴	补贴	其他补贴	病假工资	其他工资				
建安工人工资: 其中:甲施工队 乙施工队 机械施工人员工资 运输作业人员工资 辅助生产工人工资 施工管理服务技术人员工资 企业行政管理人员 材料采购保管人员 医务、保育人员 集体福利部门人员 6个月以上病假人员												
合 计												

记账: 制表:

某施工单位"工资结算汇总表"中实发工资合计为210 000元。从银行提取现金的分录为:

借:库存现金 210 000

贷:银行存款 210 000

实际发放这210 000元工资时,一方面要求领工资者签字,至全部工资发放完毕,将签字后的"工资结算单"置于"工资结算汇总表"后,作为其附件,并作会计分录:

借:应付职工薪酬——应付工资 210 000

贷:库存现金 210 000

对于"职工工资结算汇总表"中的代扣代缴款,在作上述发放工资的会计分录的同时,也应进行账务处理。该部分款是应由职工承担,而会计部门只是负责代扣代缴。所以在进行会计处理时,应借记"应付职工薪酬",贷记"其他应付款"或"其他应收款"。

如果是先从职工工资中代扣某项款项,然后再代缴,则贷记"其他应付款"。如本月代扣职工应付养老保险、医疗保险、住房补贴分别为12 600元、4 200元、25 200元,会计分录为:

借:应付职工薪酬——应付工资	42 000
贷:其他应付款——应付养老保险	126 000
其他应付款——应付医疗保险	4 200
其他应付款——应付住房公积	25 200

以后实际向有关管理部门上交时:

借:其他应付款——应付养老保险	126 000
其他应付款——应付医疗保险	4 200
其他应付款——应付住房公积	25 200
贷:银行存款	42 000

如果是先为职工代垫某项费用,再于发工资时扣下,因为代垫时已作借记"其他应收款",贷记"库存现金"或"银行存款"的会计分录,故在从职工工资中扣除时应贷记"其他应收款"。如单位为职工原代垫水电费5 000元,本次从职工工资中扣除,则应:

借:应付职工薪酬——应付工资	5 000
贷:其他应收款	5 000

(2)工资费用分配的核算

工资分配的核算是指根据成本费用分配原则,将工资费用按其用途或发生地点进行归集,正确分配进入成本及相关科目的过程。工资费用分配核算的原始凭证是"工资分配表"。"工资分配表"是依据"职工工资结算汇总表"编制的用于工资分配的一种自制原始凭证。其格式示例如表4.6所示。

表4.6　工资费用分配表　　　　　　　　　　　　单位:元

应借科目	人员类别									
	建安工人	机械施工人员	运输作业人员	辅助生产人员	工业生产人员	施工技术管理服务人员	企业行政人员	材料采购保管	长期病假人员	合计
工程施工	160 000									160 000
机械作业		5 000	2 000							7 000
辅助生产				3 000						3 000
基本生产					5 000					5 000
施工间接费用						10 000				10 000
管理费用							12 000			12 000
采购保管费用								3 000		3 000
应付福利费									3 000	3 000
合计	160 000	5 000	2 000	3 000	5 000	10 000	12 000	3 000	3 000	20 300

记账:　　　　　　　　　　　　　　　　　　　　　　　　　　制表:

根据"工资分配表"分配工资,应作如下分录入账:

借:工程施工——合同成本　　　　　　　　　　　　　　160 000

　　机械作业　　　　　　　　　　　　　　　　　　　　 7 000

　　生产成本——辅助生产成本　　　　　　　　　　　　 3 000

　　生产成本——基本生产成本　　　　　　　　　　　　 5 000

　　工程施工——合同成本(间接费用)　　　　　　　　　10 000

　　管理费用　　　　　　　　　　　　　　　　　　　　15 000

　　采购保管费　　　　　　　　　　　　　　　　　　　 3 000

　贷:应付职工薪酬——应付工资　　　　　　　　　　　　　　203 000

如果企业有从事多种经营的业务人员,应将他们的工资记入"其他业务支出"科目的借方;有从事固定资产建造、扩建、改建、修理以及临时设施搭建等专项工程的工人,应将他们的工资记入"在建工程"科目的借方。

4.3　工资附加费用的核算

· 4.3.1　职工福利费用的核算 ·

施工企业除了支付职工的工资外,按国家规定可以以货币或实物方式发放职工福利,发放的职工福利在职工工资总额的14%以内实报实销。这笔费用在工程预算成本中,是作为"工资附加费"与工人工资一起列入人工费项目。

如某施工企业以现金支付发放春节物资共20 300元,作如下账务处理:

借:应付职工薪酬——应付福利费　　　　　　　　　　　20 300

　贷:库存现金　　　　　　　　　　　　　　　　　　　　　20 300

分配时根据"工资费用分配表"编制职工福利费计算表如表4.7所示:

表4.7　职工福利费计算表

2017 年 6 月　　　　　　　　　　　　　　　　　　　单位:元

人员类别	工资总额	分配福利费	应借科目
建筑安装工程施工人员	160 000	16 000	工程施工
机械施工机上人员	5 000	500	机械作业
运输作业机上人员	2 000	200	机械作业
辅助生产工人	3 000	300	辅助生产
工业生产工人	5 000	500	基本生产
施工单位技术、管理服务人员	10 000	1 000	施工间接费用
企业行政管理人员	12 000	1 200	管理费用
材料采购、保管人员	3 000	300	采购保管费
6 个月以上病假人员	3 000	300	管理费用
合　　计	203 000	20 300	

记账:　　　　　　　　　　　　　　　　　　　　　　　　　制表:

根据"职工福利费计算表",将实际发生的职工福利费计入成本或期间费用中:

借:工程施工——合同成本	16 000
机械作业	700
生产成本——辅助生产成本	300
生产成本——基本生产成本	500
工程施工——合同成本(间接费用)	1 000
管理费用	1 500
采购保管费	300
贷:应付职工薪酬——应付福利费	20 300

· 4.3.2　社会保险费 ·

社会保险费是指施工企业为职工缴纳的医疗保险费、养老保险费、失业保险费、工伤保险费、生育保险费等保险费,应当在职工为企业提供服务的会计期间,根据工资总额的一定比例(单位负担比例为6%)计算得出。

为了核算企业负担的职工社会保险费,应设置"应付职工薪酬——应付社会保险费"账户,该账户是一个负债类账户。按工资总额计算分配时,应记入"应付职工薪酬——应付社会保险费"账户的贷方和有关成本、费用账户的借方。以医疗保险费为例,根据"工资费用分配表"编制职工社会保险费计算表,示例如表4.8所示。

表4.8　社会保险费计算表(医疗保险)

2017 年 6 月　　　　　　　　　　　　　　　　　　　　　单位:元

人员类别	工资总额	社会保险费6%	应借科目
建筑安装工程施工人员	160 000	9 600	工程施工
机械施工机上人员	5 000	300	机械作业
运输作业机上人员	2 000	120	机械作业
辅助生产工人	3 000	180	辅助生产
工业生产工人	5 000	300	基本生产
施工单位技术、管理服务人员	10 000	600	施工间接费用
企业行政管理人员	12 000	720	管理费用
材料采购、保管人员	3 000	180	采购保管费
6 个月以上病假人员	3 000	180	管理费用
合　　计	203 000	12 180	

记账:　　　　　　　　　　　　　　　　　　　　　制表:

根据"社会保险费计算表",即可作如下分录入账:

借:工程施工——合同成本(人工费)	9 600
机械作业	420
生产成本——辅助生产成本	180
生产成本——基本生产成本	300
工程施工——合同成本(间接费用)	600
管理费用	900

采购保管费		180
贷:应付职工薪酬——应付社会保险费		12 180

职工社会保险费上交社会劳动保障局时作如下账务处理:

借:应付职工薪酬——应付社会保险费		××××
贷:银行存款		××××
库存现金		××××

·4.3.3 住房公积金·

住房公积金是指为职工缴纳的用于住房方面的资金,应当在职工为企业提供服务的会计期间,根据工资总额的一定比例计算得出。

为了核算企业负担的职工住房公积金,应设置"应付职工薪酬——应付住房公积金"账户,该账户是一个负债类账户。按工资总额计算分配时,应记入"应付职工薪酬——应付住房公积金"账户的贷方和有关成本、费用账户的借方。根据"工资费用分配表"编制职工住房公积金计算表,示例如表4.9所示。

表4.9 住房公积金计算表

2017年6月 单位:元

人员类别	工资总额	住房公积金2%	应借科目
建筑安装工程施工人员	160 000	16 000	工程施工
机械施工机上人员	5 000	500	机械作业
运输作业机上人员	2 000	200	机械作业
辅助生产工人	3 000	300	辅助生产
工业生产工人	5 000	500	基本生产
施工单位技术、管理服务人员	10 000	1 000	施工间接费用
企业行政管理人员	12 000	1 200	管理费用
材料采购、保管人员	3 000	300	采购保管费
6个月以上病假人员	3 000	300	管理费用
合　计	203 000	20 300	

记账: 制表:

根据"住房公积金计算表",即可作如下分录入账:

借:工程施工——合同成本(人工费)		16 000
机械作业		700
生产成本——辅助生产成本		300
生产成本——基本生产成本		500
工程施工——合同成本(间接费用)		1 000
管理费用		1 500
采购保管费		300
贷:应付职工薪酬——应付住房公积金		20 300

职工住房公积金上缴住房公积金管理处时作如下账务处理:

借:应付职工薪酬——应付住房公积金 　　　　　　　　　　×××

　　贷:银行存款 　　　　　　　　　　×××

　　　库存现金 　　　　　　　　　　×××

·4.3.4　工会经费·

工会经费是指企业为职工缴纳的用于工会运作方面的经费,应当在职工为其服务的会计期间,根据工资总额的一定比例(上缴比例为2%)计算得出。

为了核算企业负担的职工工会经费,应设置"应付职工薪酬——应付工会经费"账户,该账户是一个负债类账户。按工资总额计算分配时,应记入"应付职工薪酬——应付工会经费"账户的贷方和有关成本、费用账户的借方。根据"工资费用分配表"编制工会经费计算表,示例如表4.10所示。

表4.10　工会经费计算表

2017年6月　　　　　　　　　　　　　　单位:元

人员类别	工资总额	工会经费	应借科目
建筑安装工程施工人员	160 000	3 200	工程施工
机械施工机上人员	5 000	100	机械作业
运输作业机上人员	2 000	40	机械作业
辅助生产工人	3 000	60	辅助生产
工业生产工人	5 000	100	基本生产
施工单位技术、管理服务人员	10 000	200	施工间接费用
企业行政管理人员	12 000	240	管理费用
材料采购、保管人员	3 000	60	采购保管费
6个月以上病假人员	3 000	60	管理费用
合　计	203 000	4 060	

记账:　　　　　　　　　　　　　　　　　制表:

根据"工会经费计算表",即可作如下分录入账:

借:工程施工——合同成本(人工费) 　　　　　3 200

　　机械作业 　　　　　140

　　生产成本——辅助生产成本 　　　　　60

　　生产成本——基本生产成本 　　　　　100

　　工程施工——合同成本(间接费用) 　　　　　200

　　管理费用 　　　　　300

　　采购保管费 　　　　　60

　　贷:应付职工薪酬——应付工会经费 　　　　　4 060

企业支付工会经费用于工会活动时:

借:应付职工薪酬——应付工会经费 　　　　　×××

　　贷:银行存款 　　　　　×××

　　　库存现金 　　　　　×××

· 4.3.5 职工教育经费 ·

职工教育经费是指企业为职工缴纳的用于职工培训方面的资金,为了核算企业负担的职工教育经费,应设置"应付职工薪酬——应付职工教育经费"账户,该账户是一个负债类账户。企业应当在职工为其提供服务的会计期间,有计划地合理安排职工的培训事宜。企业安排职工培训发生的培训费用:

借:应付职工薪酬——应付职工教育经费   8 120

 贷:银行存款(或其他应收款)   8 120

据实分配时,应记入"应付职工薪酬——应付职工教育经费"账户的贷方和有关成本、费用账户的借方。根据"工资费用分配表"编制职工教育经费计算表,示例如表 4.11 所示。

表 4.11　职工教育经费计算表

2017 年 6 月   单位:元

人员类别	工资总额	职工教育经费	应借科目
建筑安装工程施工人员	160 000	6400	工程施工
机械施工机上人员	5 000	200	机械作业
运输作业机上人员	2 000	80	机械作业
辅助生产工人	3 000	120	辅助生产
工业生产工人	5 000	200	基本生产
施工单位技术、管理服务人员	10 000	400	施工间接费用
企业行政管理人员	12 000	480	管理费用
材料采购、保管人员	3 000	120	采购保管费
6 个月以上病假人员	3 000	120	管理费用
合　计	203 000	8 120	

记账: 制表:

根据"职工教育经费计算表",即可作如下分录入账:

借:工程施工——合同成本(人工费)   6 400

  机械作业   280

  生产成本——辅助生产成本   120

  生产成本——基本生产成本   200

  工程施工——合同成本(间接费用)   400

  管理费用   600

  采购保管费   120

 贷:应付职工薪酬——应付职工教育经费   8 120

职工教育经费如果发生超标(工资总额 2.5%)现象,不影响会计账务处理,只是在计算企业所得税时,应根据企业所得税的相关规定计算企业的应纳税额。

· 4.3.6 非货币性福利 ·

非货币性福利是指企业以自产产品或外购商品发放给职工作为福利,将自己拥有的资产无偿提供给职工使用,例如,为职工无偿提供医疗保健服务等。企业以自产产品或外购商品发放职工福利时,应借记"应付职工薪酬——非货币性福利",贷记"库存商品"等。结转非货币性福利费用时,同样是按照职工岗位的不同,记入不同的成本费用科目。例如,上述施工企业在端午节购买了粽子、皮蛋、盐蛋等福利品,该公司共200人,每份价值100元。则发放时:

借:应付职工薪酬——非货币性福利   20 000
  贷:库存商品   20 000

按人数据实分配时,应记入"应付职工薪酬——应付职工教育经费"账户的贷方和有关成本、费用账户的借方。根据"工资费用分配表"编制职工教育经费,计算表如4.12所示。

表4.12 非货币性福利费用计算表

2017年6月   单位:元

人员类别	人 数	非货币性福利	应借科目
建筑安装工程施工人员	110	11 000	工程施工
机械施工机上人员	10	1 000	机械作业
运输作业机上人员	5	500	机械作业
辅助生产工人	10	1 000	辅助生产
工业生产工人	10	1 000	基本生产
施工单位技术、管理服务人员	20	2 000	施工间接费用
企业行政管理人损	20	2 000	管理费用
材料采购、保管人员	10	1 000	采购保管费
6个月以上病假人员	5	500	管理费用
合 计	200	20 000	

记账   制表

根据上面的计算表,即可作如下分录入账:

借:工程施工——合同成本   11 000
  机械作业   1 500
  生产成本——辅助生产成本   1 000
  生产成本——基本生产成本   1 000
  工程施工——合同成本(间接费用)   2 000
  管理费用   2 500
  采购保管费   1 000
  贷:应付职工薪酬——非货币性福利   20 000

·4.3.7 解除劳动关系给予职工的补偿·

根据企业会计准则的规定,企业在职工劳动合同到期之前解除与职工的劳动关系,或者为鼓励职工自愿接受裁减而提出补偿的建议,同时满足下列条件的,应当确认因解除与职工的劳动关系给予补偿而产生的预计负债,同时计入当期损益:

①企业已经制订正式的解除劳动关系计划或提出自愿裁减建议,并即将实施。该计划或建议应当包括拟解除劳动关系或裁减的职工所在部门、职位及数量;根据有关规定按工作类别

或职位确定的解除劳动关系或裁减补偿金额;拟解除劳动关系或裁减的时间。

②企业不能单方面撤回解除劳动关系计划或裁减建议。

给予职工的补偿形式一般是一整笔支付,但也存在通过职工福利计划间接或直接提高退休福利或其他离职后福利或职工不再服务企业时,职工薪酬支付到某一特定时点。

核算企业因解除与职工的劳动关系给予补偿时,应设置"应付职工薪酬——应付劳动补偿"账户,该账户是一个负债类账户。按照预计的补偿金额,借记"管理费用",贷记"应付职工薪酬——应付劳动补偿"账户。实际支付补偿时,应按实际支付的金额,借记"应付职工薪酬——应付劳动补偿"账户,贷记"银行存款""库存现金"等账户。

小结 4

人工费用是指施工企业使用职工为其服务应付的薪酬,包括施工企业的职工工资及其附加费用。工资费用是根据劳动者提供劳动的数量和质量确定的应支付给职工个人的劳动报酬。工资附加费用包括福利费、住房公积金、社会保险费、职工教育经费、工会经费及解除劳动关系给职工的补偿,是施工企业使用职工的服务按照有关规定负担的职工除工资之外的各种集体福利待遇和其他必要的支出。职工薪酬的核算重点是了解工资总额的构成,掌握工资结算和工资分配的核算,工资附加费使用和分配核算。

复习思考题 4

4.1 施工企业应付职工薪酬主要内容包括哪些?

4.2 什么叫作工资总额,它由哪些部分组成?

4.3 计时工资和计件工资在核算时应采用哪些凭证? 这些凭证的作用是什么?

4.4 实行小组集体计件工资时,如何在小组工人之间进行工资分配?

4.5 工资分配的含义是什么? 工资费用都是记入成本费用项目吗?

4.6 职工福利费、工会经费、职工教育经费如何核算?

4.7 社会保险费、住房公积金如何核算?

4.8 练习工资及其附加费用的核算。

(1)资料:

①某施工企业在 2017 年 8 月份工资总额的组成为:

建筑安装工程施工工人工资总额 100 000 元

机械施工机上人员工资总额 4 000 元

运输作业机上人员工资总额 4 000 元

施工单位技术、管理、服务人员工资总额 10 000 元

企业行政管理人员工资总额 10 000 元

6 个月以上病假人员工资总额 2 000 元

②该施工企业在 2017 年 8 月份按职工工资总额为依据,用现金发放的福利费为130 000

元。

（2）要求：

①根据上述资料编制"工资费用分配表"和工资费用分配的会计分录。

②根据上述资料编制"职工福利费用分配表"和职工福利费用分配的会计分录。

③根据上述资料,编制分配住房公积金（8%）、社会保险费（养老保险20%）、工会经费（2%）等工资附加费用分配表,并分别作出分配的会计分录。

5   折旧费用的核算

本章导读

- **基本要求**   了解固定资产计提折旧的意义以及固定资产折旧费的概念;熟悉影响固定资产折旧的因素和固定资产折旧的计提范围;掌握计提固定资产折旧的方法和固定资产折旧的账务处理。
- **重点**   折旧计提的时间范围、空间范围以及固定资产折旧的账务处理。
- **难点**   加速计提折旧的方法,即双倍余额递减法和年数总和法的应用。

施工企业在工程施工过程中,除了耗费劳动对象和劳动力以外,还要耗费一定的劳动资料,包括固定资产的损耗(有形损耗和无形损耗),即折旧费用,以及发生与工程施工有关的其他开支(如待摊费用和预提费用)。这些耗费和开支,也是工程成本的组成内容,因而在工程成本计算中要进行核算。

5.1   固定资产折旧的基本知识

·5.1.1   固定资产折旧的概念·

企业的固定资产可以长期参加生产经营而仍保持其原有的实物形态,但其价值将随着固定资产的逐步使用而逐渐转移到生产的产品中去,或构成企业的费用。固定资产的折旧是指在施工企业经营过程中,固定资产因损耗而减少的价值。该减少的价值以折旧的形式计入各期成本和费用,从产品销售收入中得补偿,并转化为货币资金。因此,正确计算折旧,对工程成本和费用的计算,以及正确反映固定资产的账面价值都有着十分重要的意义。

·5.1.2   固定资产折旧的影响因素·

影响固定资产折旧的主要因素有固定资产原值、固定资产预计净残值和固定资产的预计使用年限。

1)固定资产原值

固定资产原值也称为折旧基数,指企业为购建某项固定资产达到可使用状态前所发生的一切合理必要的开支。这些支出既包括直接发生的价款、运杂费、包装费和建筑安装工程成本,也包括间接发生的其他一些费用,如资本化利息、外币借款折算差额以及应分摊的其他间接费用。

2)预计使用寿命

固定资产的预计使用寿命即固定资产的折旧年限,企业在确定固定资产的预计使用寿命时,主要应当考虑下列因素:

①该资产的预计生产能力或实物产量。

②该资产的有形损耗,如设备使用中发生磨损,房屋建筑物受到自然侵蚀等。

③该资产的无形损耗,如因新技术的出现而使现有的固定资产相对贬值等。

④有关资产使用的法律或者类似的限制。

3)净残值

固定资产的净残值是指预计的固定资产报废时,可以收回的残余价值扣除预计清理费用后的余额。净残值决定了实际计提折旧的净额。由于在计算折旧时,对固定资产的残余价值和清理费用只能人为估计,因此不可避免存在主观性。为了避免人为调整净残值的数额,从而人为地调整计提折旧额,国家有关所得税暂行条例及其细则规定:残值比例在原价的5%以内,由企业自行确定;由于情况特殊,需调整残值比例的,应报主管税务机关备案。

企业至少应当于每年年终,对固定资产的使用年限、预计净残值进行重新复核。如果有确凿的证据表明使用寿命的预计数与原先估计数有差异的,应当调整固定资产的使用年限。预计净残值的预计数与原先估计数有差异的,应当调整预计净残值。

·5.1.3 固定资产折旧的计提范围·

建筑企业所有的固定资产一般均应计提折旧。具体是指:

①一切房屋、建筑物。

②在用机器设备、仪表、专用工具。

③季节性停用和修理停用的设备。

④以经营租赁方式租出的固定资产。

⑤以融资租赁方式租入的固定资产等。

不计提折旧的固定资产范围:

①已提足折旧继续使用的固定资产。提足折旧指已经提足该项固定资产应提的折旧总额(应提的折旧总额为固定资产原价减去预计残值)。

②提前报废的固定资产,固定资产提前报废,即使该项固定资产没有提足折旧,也不再补提折旧。

③按规定单独估价作为固定资产入账的土地。

④以经营租赁方式租入的固定资产。

⑤已全额计提固定资产减值准备的固定资产。

企业所有的固定资产一般均应计提折旧。

应当注意的是,已达到预定可使用状态但尚未办理竣工决算的固定资产,应当按照估计价值确定其成本,并计提折旧;待办理竣工决算后,再按照实际成本调整原来的暂估价值,但不需要调整原以计提的折旧额。

5.2 固定资产折旧的计算方法

会计上计算折旧的方法很多,企业应当根据与固定资产有关的经济利益的预期实现方式,合理选择固定资产的折旧方法,可选择的折旧方法包括平均年限法、工作量法、双倍余额递减法、年数总和法等。

· 5.2.1 平均年限法 ·

平均年限法又称直线法,是将固定资产的折旧均衡地分摊到各期的方法。采用这种方法计算的每期折旧额是均等的。计算公式如下:

$$年折旧率 = \frac{1 - 预计残值率}{预计使用寿命(年)} \times 100\%$$

$$月折旧率 = \frac{年折旧率}{12}$$

$$月折旧额 = 固定资产原价 \times 月折旧率$$

【例5.1】 某施工企业新购一台设备,原价为 200 000 元,预计可使用 10 年,按照有关规定该设备报废时的净残值率为 2%。该设备的折旧率和折旧额的计算如下:

$$年折旧率 = \frac{1 - 2\%}{10} \times 100\% = 9.8\%$$

$$月折旧率 = \frac{9.8\%}{12} = 0.82\%$$

$$月折额 = 200\ 000\ 元 \times 0.82\% = 1\ 640\ 元$$

上述计算的折旧率是按个别固定资产单独计算的,称为个别折旧率,即某项固定资产在一定期间的折旧额与该项固定资产原价的比率。此外,还有分类折旧率和综合折旧率。

· 5.2.2 工作量法 ·

工作量法是根据实际工作量与单位工作量应提折旧额,计提折旧的一种方法。这种方法弥补平均年限法只重使用时间,不考虑使用强度的缺点。其计算公式为:

$$每一工作量折旧额 = \frac{固定资产原值 \times (1 - 预计残值率)}{预计总工作量} \times 100\%$$

$$某一固定资产月折旧额 = 该项固定资产当月工作量 \times 每一工作量折旧额$$

【例5.2】 某施工企业的一台机器的原价为 250 000 元,预计该机器使用 10 年,运转 8 万 h,其报废时的残值率为 3%。本月满负荷运转,共运转 720 h。该机器的月折旧额计算如下:

$$每小时折旧额 = 250\ 000\ 元 \times \frac{1 - 3\%}{80\ 000\ h} = 3.03\ 元/h$$

$$本月折旧额 = 720\ h \times 3.03\ 元/h = 2\ 181.6\ 元$$

· 5.2.3 双倍余额递减法 ·

双倍余额递减法又称递减折旧法,是在不考虑固定资产残值的情况下,根据每期期初固定资产账面余额和双倍的直线法折旧率,计算固定资产折旧的一种方法。计算公式为:

$$年折旧率 = \frac{2}{预计使用寿命（年）} \times 100\%$$

$$月折旧率 = \frac{年折旧率}{12}$$

$$月折旧额 = 固定资产年初账面净值 \times 月折旧率$$

由于双倍余额递减法不考虑固定资产的净残值，因此在应用这种方法时必须注意不能使固定资产的账面剩余价值降低到它的预计残值以下，即实行双倍余额递减法计提折旧的固定资产，应当在其固定资产折旧年限到期以前两年内，将固定资产原价扣除预计净残值后的余额平均摊销。

【例5.3】 某施工企业一固定资产的原价为 50 000 元，预计使用年限为 5 年，预计净残值为 2 000 元。按双倍余额递减法计算折旧，每年的折旧额计算如下：

年折旧率 = 2 ÷ 5 × 100% = 40%

第 1 年应提的折旧额 = 50 000 元 × 40% = 20 000 元

第 2 年应提的折旧额 = (50 000 − 20 000)元 × 40% = 12 000 元

第 3 年应提的折旧额 = (30 000 − 12 000)元 × 40% = 7 200 元

从第 4、第 5 年起改按平均年限法(直线法)计提折旧。

第 4、第 5 年的年折旧额 = (10 800 − 2 000)元 ÷ 2 = 4 400 元

· 5.2.4 年数总和法 ·

年数总和法又称合计年限法，是将固定资产的原值减去净残值后的净额乘以一个逐年递减的分数计算每年的折旧额，这个分数的分子代表固定资产尚可使用的年数，分母代表使用年数的逐年数字总和。计算公式如下：

计算公式为：

$$年折旧率 = \frac{尚可使用年限}{预计使用年限的年数总和} \times 100\%$$

或者

$$年折旧率 = \frac{预计使用年限 - 已使用年限}{预计使用年限 \times (预计使用年限 + 1) \div 2} \times 100\%$$

$$月折旧率 = \frac{年折旧率}{12}$$

$$月折旧额 = (固定资产原价 - 预计净残值) \times 月折旧率$$

【例5.4】 沿用例 5.3 中列举的资料，采用年数总和法计算各年折旧额，计算结果如表 5.1 所示。

表 5.1　例 5.4 数据资料

年　份	尚可使用年限/年	原值－净残值/元	变动折旧率	每年折旧额/元	累计折旧/元
1	5	48 000	5/15	16 000	16 000
2	4	48 000	4/15	12 800	28 800
3	3	48 000	3/15	9 600	38 400
4	2	48 000	2/15	6 400	44 800
5	1	48 000	1/15	3 200	48 000

上述 4 种折旧方法中,双倍余额递减法、年数总和法属于加速折旧法或快速折旧法,其特点是在固定资产有效使用年限的前期多提折旧,后期则少提折旧,从而相对加快折旧的速度,以使固定资产成本在有效使用年限中加快得到补偿,避免投资风险。

5.3 固定资产折旧的账务处理

在会计实务中,企业一般都是按月计提固定资产折旧的,同时规定当月增加的固定资产,当月不计提折旧,从下月起计提折旧;当月减少的固定资产,当月仍提折旧,从下月起停止计提折旧。

企业应当根据固定资产的使用部门和用途,借记有关成本费用科目,贷记"累计折旧"科目。其中:企业所属各施工单位为组织和管理施工生产活动所使用的固定资产应负担的折旧费,应记入"工程施工——合同成本(间接费用)"科目;企业承包的建筑安装工程使用自有机械应负担的折旧费,应记入"机械作业"科目;企业附属企业使用固定资产应负担的折旧费,记入"生产成本——基本生产成本";辅助生产部门使用的固定资产应负担的折旧费,记入"生产成本——辅助生产成本"账户;企业行政管理部门使用的固定资产应负担的折旧记入"管理费用"账户;企业未使用、不需用的固定资产应负担的折旧费记入"管理费用"账户。在我国的会计实务中,各月计提折旧的工作一般是通过编制"固定资产折旧计算表"来完成。

【例 5.5】 某建筑施工企业 2017 年 8 月各类固定资产应提的折旧额及分配情况,如表 5.2 所示。

表 5.2 固定资产折旧及分配表

2017 年 8 月 31 日

固定资产类别	固定资产原值/元	月折旧率/%	月折旧额/元	按使用对象分摊折旧费/元				
				工程施工	工业生产	辅助生产	机械作业	管理费用
房屋及建筑物	15 000 000	0.20	30 000	10 000	6 000	4 000		10 000
施工机械	10 000 000	0.80	80 000				80 000	
运输设备	5 000 000	0.75	37 500				37 500	
生产设备	800 000	0.60	4 800		3 000	1 800		
仪器及实验设备	90 000	0.50	450		250	200		
其他生产用固定资产	300 000	0.50	1 500	500	300		300	400
合　计	31 190 000		154 250	10 500	9 550	6 000	117 800	10 400

根据上表资料,可编制如下会计分录:

借:工程施工——合同成本　　　　　　　　　　　　　10 500

　　生产成本——基本生产成本　　　　　　　　　　　9 550

　　生产成本——辅助生产成本　　　　　　　　　　　6 000

　　机械作业　　　　　　　　　　　　　　　　　　117 800

　　管理费用　　　　　　　　　　　　　　　　　　 10 400

　　贷:累计折旧　　　　　　　　　　　　　　　　　　　154 250

小结 5

折旧费用是固定资产在使用过程中因发生损耗而转移到工程成本或费用中的那部分价值。正确计算折旧费用是正确计算成本和费用的前提。决定固定资产折旧的基本因素有:固定资产原值、固定资产净残值、固定资产的预计使用寿命及折旧计算方法。固定资产折旧可采用平均年限法、工作量法、双倍余额递减法和年数总和法等方法进行计算。固定资产折旧的计提应编制"固定资产折旧额计算分配表",根据该表所确定的受益对象,将计提的折旧额记入"机械作业""辅助生产""工程施工——合同成本(间接费用)"等账户的借方,同时贷记"累计折旧"账户。

复习思考题 5

5.1 影响折旧费用的因素有哪些?

5.2 折旧有哪几种计算方法? 如何运用这些方法进行计算?

5.3 如何对折旧费用进行归集和分配?

5.4 练习固定资产折旧计提与分配。

(1)资料:某施工单位 2017 年 9 月份各类固定资产明细账户的期初余额等相关资料如下表:

固定资产类别	期初余额 /元	预计残值率 /%	预计使用年限/年	工程施工/%	机械作业/%	工业生产/%	辅助生产/%	管理费用/%
房屋及建筑物	1 742 000	5	20	50		30	10	10
施工机械	420 000	5	5		100			
运输设备	1 200 000	5	5		100			
生产设备	42 000	5	5			100		
其他生产设备	80 000	5	5			50	40	10

(2)要求:

①按直线法计提各项固定资产 2017 年 9 月份的折旧额;

②编制折旧计提和分配的会计分录。

5.5 练习固定资产计提折旧的时间范围。

(1)资料:

甲公司 2017 年 3 月份固定资产增减业务如下:

①购买一台设备供施工单位使用,采用工作量法计提折旧。该设备原价 60 万元,预计总工作时数为 20 万 h,预计净残值为 5 万元。该设备 2017 年 4 月份工作量为 4 000 h。

②公司总部新办公楼交付使用,采用年限平均法计提折旧。该办公楼原价620万元,预计使用年限20年,预计净残值20万元。

③公司总部的一辆轿车使用期满予以报废。该轿车原价37万元,预计使用年限6年,净残值1万元,采用年限平均法计提折旧。

假定2017年4月份未发生固定资产增减业务,不考虑其他固定资产的折旧。

要求:

①计算甲公司2017年4月份应计提的折旧额。

②编制甲公司2017年4月份计提折旧的会计分录。

6　辅助生产和机械作业的核算

本章导读

- 基本要求　了解辅助生产的分类和机械作业的特点;熟悉辅助生产费用以及机械使用费的内容;掌握辅助生产费用以及机械使用费的归集和分配的方法。
- 重点　辅助生产费用以及机械使用费归集和分配的账务处理。
- 难点　交互分配法在辅助生产费用分配中的具体运用。

6.1　辅助生产费用的归集

企业辅助生产费用的核算,是指对辅助生产部门在产品生产或劳务提供过程中所发生的各项耗费进行归集与分配。

·6.1.1　辅助生产的分类及特点·

1)辅助生产的内容及种类

施工企业的辅助生产部门一般为工程施工、机械作业等供应生产材料、半成品等和提供劳务,如机械设备维修,构件的现场制作,铁木件加工,供应水、电、气,施工机械的安装、拆卸和辅助设施的搭建工程等。

(1)辅助生产按其服务内容分类

按其服务内容可分为:

①生产材料的辅助生产,如砂石采掘、构件制作、铁木件加工等。

②提供劳务的辅助生产,如设备维修,固定资产清理,施工机械的安装、拆卸,辅助设施的搭建等。

(2)辅助生产按其生产材料和提供服务种类分类

按其生产和服务种类可分为:

①单品种的辅助生产,即只提供一种材料或劳务的辅助生产,如供电站,只提供供电服务;

②多品种的辅助生产,即提供多种材料或劳务的辅助生产,如预制厂,生产各种规格的梁、柱、板及墙体彻块等。

辅助生产部门生产的材料和劳务,可能对外销售一部分,但这不是辅助生产的主要任务,其主要任务是：为企业的工程施工、机械作业及施工管理提供服务。

2）辅助生产费用及核算特点

辅助生产费用是指辅助生产车间为生产产品或提供劳务而发生的原材料费用、动力费用、工资及福利费及辅助生产车间的制造费用等。

辅助生产费用的多少、成本高低，直接影响到企业工程成本的水平。因此，辅助生产发生的费用必须单独进行归集和分配，并将其分配计入受益对象。正确、及时地组织辅助生产的核算，严格控制辅助生产费用支出，对于挖掘降低成本的潜力，合理分配辅助生产费用和正确计算工程成本，都具有非常重要的作用。

辅助生产费用核算包括辅助生产费用的归集和分配的核算。辅助生产费用按车间以及产品和劳务类别归集的过程，也是辅助生产产品和劳务成本计算的过程。辅助生产费用的分配，是指按照一定的标准和方法，将辅助生产费用分配到各受益单位或产品上的过程。辅助生产费用一般先归集，后分配。归集是为分配作准备。辅助生产成本核算是工程成本核算的重要组成部分。如企业发生辅助生产费用时，应借记"生产成本——辅助生产成本"账户，贷记"应付职工薪酬""原材料""银行存款"等账户。月末，按受益对象分配辅助生产费用时，应根据不同情况处理：

①属于对外单位提供的辅助生产费用，应借记"其他业务支出"，贷记"生产成本——辅助生产成本"账户。

②属于对本单位提供的辅助生产费用，应借记"工程施工""机械作业""管理费用"，贷记"生产成本——辅助生产成本"账户。

·6.1.2 辅助生产费用归集账务处理·

辅助生产费用归集和分配，通过"生产成本——辅助生产成本"进行。"辅助生产成本"科目一般应按车间、车间下再按产品或劳务种类设置明细账，账中按成本项目或费用项目设立专栏进行明细核算。

1）辅助生产费用归集的账户设置

辅助生产费用包括本部门直接发生的材料、工资和其他生产费用，以及耗用其他辅助生产部门提供的劳务应负担的费用。

辅助生产部门发生的各项生产费用，首先应通过"生产成本——辅助生产成本"科目进行归集，计算出生产材料或提供劳务的实际单位成本，然后按受益对象的受益数量，分配给各个工程和其他核算对象。

"生产成本——辅助生产成本"科目，属于成本类科目，用来核算企业所属非独立核算的辅助生产部门为工程施工、产品生产、机械作业等提供生产资料和提供劳务所发生的各项费用。辅助生产部门发生的各项开支，根据材料、工资等分配表和有关凭证，记入该账户的借方，月终结转完工材料和劳务的实际成本，计入该账户的贷方。月末借方余额反映辅助生产部门在产品和未结算劳务的实际成本。

辅助生产部门所发生的各项生产费用，应按成本核算对象和成本项目进行归集。成本核算对象一般可按生产的材料和提供劳务的类别确定，并设立明细账。明细账中按照成本项目设立专栏或专行，进行明细核算。成本项目一般可划分为以下几项：

- 人工费　人工费是指支付给辅助生产部门生产工人的工资及按规定提取的职工福利费等。
- 材料费　材料费是指辅助生产部门在材料生产和劳务提供过程中所耗用的各种材料的实际成本。
- 其他直接费用　其他直接费用是指除辅助生产部门发生的人工费、材料费以外的其他直接生产费用,如机器设备的折旧费、修理费、水电费、燃料、动力费等。
- 间接成本　间接成本是指为组织和管理辅助生产所发生的各项开支,包括辅助生产管理人员的工资,职工福利费,办公费,差旅交通费,劳动保护费,办公用房屋、设备的折旧费、修理费等。

2) 辅助生产费用归集的方法

辅助生产的类型不同,其费用归集的程序也不一样。对于只生产一种材料或提供一种劳务的辅助生产部门,如供水、供电、供气等部门,其所发生的一切成本都是直接成本,一般于发生时直接计入按材料或劳务品种设置的辅助生产明细账。当月归集的生产费用总额即为该期材料或劳务的总成本,除以产量即可求得单位成本。

对于生产多种材料或提供多种劳务的辅助生产部门,如构件制作、铁木件加工、设备维修等部门,其所发生的成本往往需由两种或两种以上的材料或劳务负担,因此应将共同性费用在受益对象之间进行合理的分配。同时,这类辅助生产部门有的还有期初、期末在产品,这就需要将归集的辅助生产成本在完工产品和在产品之间进行分配,从而计算出完工产品的总成本和单位成本。

辅助生产部门发生的间接成本,应先按辅助生产部门设立"生产成本——辅助生产成本——间接成本"明细账进行归集,月终时再按一定标准,分配计入有关材料或劳务成本中去。

辅助生产费用的归集通过设置和登记"辅助生产明细账"进行。辅助生产明细账应按车间、单位或部门和成本核算对象设置,并按规定的成本项目分设专栏,进行明细分类核算。

现举例说明辅助生产费用归集的核算方法。

【例6.1】　某施工单位有运输车间和供电车间两个辅助生产部门,2017年12月份发生下列费用:运输队领用燃料2 000元,供电车间领用燃料3 000元。

借:生产成本——辅助生产成本(运输队)　　　　2 000
　　　　　　　　　　　　　(供电车间)　　　　3 000
　　贷:原材料　　　　　　　　　　　　　　　　　　5 000

【例6.2】　上例中本月职工工资10 000元,其中运输队4 000元,供电车间6 000元。

借:生产成本——辅助生产成本——运输队　　　　4 000
　　　　　　　　　　　　——供电车间　　　　6 000
　　贷:应付职工薪酬——应付工资　　　　　　　　10 000

【例6.3】　上例中计提本月职工福利费1 400元,其中运输队560元,供电车间840元。

借:生产成本——辅助生产成本——运输队　　　　560
　　　　　　　　　　　　——供电车间　　　　840
　　贷:应付职工薪酬——应付福利费　　　　　　　1 400

【例6.4】　上例中计提本月固定资产折旧2 500元,其中运输队1 000元,供电车间1 500元。

借:生产成本——辅助生产成本——运输队　　　　　1 000

　　　　　　　　　　　　　　——供电车间　　　　　1 500

　　贷:累计折旧　　　　　　　　　　　　　　　　　　　　2 500

根据以上资料以供电车间为例对辅助生产费用进行归集,登记辅助生产明细账如表6.1所示。

表6.1　辅助生产明细账

部门:供电车间　　　　　　　　　　　　　　　　　　　　　　　　　　　　　　单位:元

2017 年		凭证号数	摘　要	借　方	贷　方	余　额	借方明细发生额		
月	日						人工费	燃料及动力费	折旧及维修费
略	略	略	分配工资 计提福利费 领用燃料 计提折旧	6 000 840 3 000 1 500		6 000 840 3 000 1 500	6 000 840	3 000	1 500
			本月合计	11 340			6 840	3 000	1 500

6.2　辅助生产费用的分配

·6.2.1　辅助生产费用分配的原则·

辅助生产成本的分配,是指将各辅助生产明细账中所归集的成本,采用一定的方法计算出材料或劳务的总成本和单位成本,并按各受益对象耗用的数量计入施工生产成本中。为了保证施工生产成本的真实性,在进行辅助生产成本分配时,应遵循以下几项原则:

①谁受益谁负担的原则。凡接受辅助生产部门提供的材料、劳务的部门、单位,均应负担生产成本。其中能确认受益对象的,直接计入各受益对象的成本中去;不能直接确认受益对象的,应按受益比重在各受益对象之间进行分配。

②分配方法力求合理、简便。辅助生产成本分配所采用的方法,既不能为求分配简便过于简化,影响成本计算的准确性,也不能为求分配精确过于复杂,增加成本核算的工作量。

·6.2.2　辅助生产费用分配的方法·

由于辅助生产部门生产材料和提供劳务的种类不同,其分配的方法也不一样。生产材料、结构件的辅助生产部门发生的成本,一般于生产完成验收入库时转入"原材料""低值易耗品"等账户,因此不需进行分配。至于提供水、电、气或机械修理等服务的辅助生产部门所发生的成本,则应根据其单位成本和受益对象所耗用的数量,常于月末在各受益单位之间按一定的标准和方法进行分配后,从"生产成本——辅助生产成本"账户的贷方转入"生产成本——基本生产成本""管理费用""在建工程"等账户的借方。

提供劳务的辅助生产部门,不仅有对工程施工和施工管理供应劳务的情况,也有若干个辅助生产部门相互提供劳务的情况,如供电车间提供给供水车间的电,而供水车间又提供给供电车间的水。这样,为了计算供电成本,就要确定供水成本,而要计算供水成本,又要确定供电成本。这就存在各辅助生产部门之间进行辅助生产费用的相互分配的问题。辅助生产费用的分配是通过编制辅助生产费用分配表进行的。辅助生产费用的相互分配一般采用以下几种方法:直接分配法、交互分配法、代数分配法和计划成本分配法。

1)直接分配法

直接分配法是指在不考虑各辅助生产部门之间相互提供劳务、作业的情况下,将各辅助生产部门所发生的费用直接分配给辅助生产部门以外的受益对象。

具体方法:先按各辅助生产部门直接发生的辅助生产费用总额和为辅助生产部门以外的受益对象提供劳务、作业的总量,计算出各辅助生产部门提供劳务、作业的实际单位成本,然后再按除辅助生产部门以外的受益对象耗用的数量进行分配。计算公式如下:

$$\frac{\text{某项劳务的}}{\text{单位成本}} = \frac{\text{该辅助生产部门直接发生的费用}}{\text{辅助生产部门以外的各受益单位耗用的劳务总量}}$$

某受益对象的分配额 = 该受益对象耗用的劳务数量 × 单位成本

【例6.5】 某施工单位有供水和供电两个辅助生产车间,主要为本企业基本生产车间和行政管理部门等部门服务,供水车间本月发生费用为4 085元,供电车间本月发生费用为9 020元。各辅助生产车间供应劳务数量如表6.2所示(为简化起见,差异可全部计入间接费用)。

表6.2 劳务供应量统计表

受益单位	耗水/m³	耗电/(kW·h)
工程施工	41 000	21 600
施工管理	5 600	16 000
机械作业	16 000	2 400
供电车间	20 000	
供水车间		6 000
合 计	82 600	46 000

水分配率 = 4 085元 ÷ (82 600 - 20 000)m³ = 0.065 3(元/m³)

电分配率 = 9 020元 ÷ (46 000 - 6 000)kW·h = 0.225 5元/(kW·h)

根据表6.2可得表6.3。

表6.3 辅助生产成本分配表(直接分配法)

单位:元

项 目	供水车间	供电车间	合 计
待分配生产费用	4 085	9 020	13 105
分配数量	62 600	40 000	

续表

项　目		供水车间	供电车间	合　计
分配率		0.065 3	0.225 5	
工程施工	数　量	41 000	16 000	
	金　额	2 677.30	3 608	6 285.30
施工管理	数　量	5 600	16 000	
	金　额	362.90	4 870.80	5 233.70
机械作业	数　量	16 000	2 400	
	金　额	1 044.80	541.20	1 586
合　计				13 105

根据上述分配表,可作如下会计分录:

借:工程施工——合同成本　　　　　　　　　　　　　6 285.30

　　机械作业　　　　　　　　　　　　　　　　　　1 586.00

　　工程施工——合同成本——间接费用　　　　　　5 233.70

　　贷:生产成本——辅助生产成本——供电车间　　　　　9 020

　　　　　　　　　　　　　　　　——供水车间　　　　4 085

采用直接分配法,由于各辅助生产部门所发生的生产费用只对辅助生产部门以外的受益对象进行分配,计算手续简便。但由于它没考虑各辅助生产部门之间相互提供劳务、作业的情况,导致各辅助生产部门生产成本的计算不完整,辅助生产费用的分配结果准确程度较差。因此,直接分配法一般只适用于各辅助生产部门相互提供劳务、作业的数量不多,以及不进行交互分配对辅助生产成本影响不大的情况。

2)交互分配法

交互分配法是指将各辅助生产部门直接发生的生产费用,先在辅助生产部门之间根据相互提供劳务、作业的数量进行交互分配,然后将各辅助生产部门在交互分配前直接发生的生产费用,加上交互分配后转入的费用,减去交互分配后转出的费用,再向辅助生产部门以外的受益对象进行分配。

(1)第一步对内分配(交互分配)

先根据各辅助部门直接发生的生产费用总额和提供劳务、作业总量(包括向其他辅助生产部门提供劳务、作业的数量),计算出其提供劳务、作业的实际单位成本即分配率,其公式为:

$$某项劳务的单位成本 = \frac{该辅助生产部门直接发生的生产费用总额}{该辅助生产部门提供的劳务总量}$$

$$某辅助生产部门分配额 = \frac{该辅助生产部门耗用某辅助}{生产部门的劳务数量} \times 单位成本$$

(2)第二步对外分配

根据各辅助生产部门相互提供劳务、作业的数量和实际单位成本,计算出其应分配的其他辅助生产部门的生产费用,然后再根据交互分配后各辅助生产部门的实际生产费用和为辅助生产部门以外的各受益对象提供劳务、作业的总量,计算出其提供劳务、作业的实际单位成本,并根据各受益对象实际耗用劳务、作业的数量,计算出其应分配的辅助生产费用。其计算公式如下:

$$某项劳务的实际单位成本 = \frac{该部门直接发生的成本 + 分配转入费用 - 分配转出费用}{该部门为辅助生产部门以外提供的劳务总量}$$

$$某受益对象分配额 = 该受益对象耗用某辅助生产部门提供的劳务总量 \times 实际单位成本$$

【例6.6】 以例6.5中的资料,采用交互分配法分配辅助生产费用(为简化起见,差异可全部计入间接费用),编制"辅助生产成本分配表"如表6.4所示。

表6.4 辅助生产成本分配表(交互分配法)

单位:元

项 目		供水车间			供电车间			合 计
		数 量	分配率	分配额	数 量	分配率	分配额	
待分配生产费用		82 600	0.049 5	4 085	46 000	0.196 1	9 020	13 105
交互分配	辅助生产—供水			1 176.52	-6 000		-1 176.52	
	辅助生—供电	-20 000		-989.10			989.10	
对外分配的辅助生产费用		62 600	0.068 2	4 272.42	40 000	0.220 8	8 832.58	13 105
对外分配	工程施工	41 000		2 796.2	21 600		4 769.28	7 565.48
	施工管理	5 600		385.02	16 000		3 533.38	3 918.4
	机械作业	16 000		1 091.2	2 400		529.92	1 621.12
	合计	62 600		4 272.2	40 000		8 832.8	13 105

根据上述分配表,可作如下会计分录:

①交互分配时:

借:生产成本——辅助生产成本——供电车间　　　　989.10

　　　　　　　　　　　　　——供水车间　　　　1 176.52

　　贷:生产成本——辅助生产成本——供电车间　　　　　　1 176.52

　　　　　　　　　　　　　　——供水车间　　　　　　989.10

②对外分配时:

借:工程施工——合同成本　　　　　　　　　　　7 565.48

　　机械作业　　　　　　　　　　　　　　　　　1 621.12

　　工程施工——合同成本——间接费用　　　　　3 918.4

　　贷:生产成本——辅助生产成本——供电车间　　　　　　8 832.58

　　　　　　　　　　　　　　——供水车间　　　　　　4 272.42

在实际工作中,可以不编制交互分配的会计分录,而只需将其分配金额在有关的辅助生产明细账中进行登记即可。

采用交互分配法,由于辅助生产部门之间相互提供的劳务、作业进行了交互分配,从而保证了各辅助生产部门生产成本计算的完整性,提高了辅助生产费用分配结果的准确性。但由于各辅助生产部门都要计算两次提供劳务、作业的实际单位成本,对辅助生产费用进行两次分配,其核算手续比较复杂,核算工作量较大,因此,交互分配法只适用于各辅助生产部门之间相互提供劳务、作业的数量较多,以及不进行费用的交互分配对辅助生产成本影响较大的情况。

3)计划成本分配法

计划成本分配法是指根据各辅助生产部门提供劳务、作业的计划单位成本和各受益对象实际耗用劳务、作业的数量分配辅助生产费用的一种方法。

具体方法:将各辅助生产部门所发生的生产费用,先按各辅助生产部门提供劳务、作业的计划成本和受益对象(包括辅助生产部门内部和外部的各受益对象)实际耗用劳务、作业的数量进行分配,然后各辅助生产部门实际发生的生产费用(包括从其他辅助生产部门转入的费用在内)与按计划单位成本分配转出的费用之间的差额,即各辅助生产部门提供劳务、作业的成本差异,可以追加分配给辅助生产部门以外的各受益对象负担。但为了简化核算手续,也可以全部计入企业的管理费用(实际发生的费用小于按计划单位成本分配的费用时,则应冲减企业的管理费用)。

现举例说明在计划成本分配法下辅助生产费用的分配及其核算方法。

【例6.7】 以例6.5中的资料,采用计划成本分配法分配辅助生产费用(为简化起见,差异全部计入间接费用),编制"辅助生产成本分配表"如表6.5所示。

表6.5 辅助生产成本分配表(计划分配法)

单位:元

项 目	按计划成本分配		差异调整分配		合 计
	供电车间	供水车间	供电车间	供水车间	
分配金额	9 200	4 000	780	1 285	15 265
分配数量	46 000	82 600	40 000	62 600	
分配率	0.200	0.048	0.019 5	0.020 5	

分配对象	数量	金额	数量	金额	数量	金额	数量	金额	金额
供电车间			20 000	960					960
供水车间	6 000	1 200							1 200
工程施工	21 600	4 320	41 000	1 968	21 600	421.2	41 000	840.5	7 549.7
施工管理	16 000	3 200	5 600	304	16 000	312	5 600	116.5	3 932.5
机械作业	2 400	480	16 000	768	2 400	46.8	16 000	328	1 622.8
合 计	46 000	9 200	82 600	4 000	40 000	780	62 600	1 285	15 265

会计分录为:

①按计划成本分配时:

借:生产成本——辅助生产成本——供电车间　　　　　960

　　　　　　　　　　　　——供水车间　　　　　1 200

　　工程施工——合同成本　　　　　　　　　　　6 288

机械作业		1 248
工程施工——合同成本——间接费用		3 504
贷:生产成本——辅助生产成本——供电车间		9 200
——供水车间		4 000

②差异调整分配时:

借:工程施工——合同成本	1 261.7	
机械作业	374.8	
工程施工——合同成本——间接费用	428.5	
贷:生产成本——辅助生产成本——供电车间		780
——供水车间		1 285

若将生产差异直接计入企业的管理费用,则会计分录为:

借:管理费用	2 065	
贷:生产成本——辅助生产成本——供电车间		780
——供水车间		1 285

采用这种方法,要求各辅助生产部门提供的劳务、作业计划成本必须正确。因此,计划成本分配法一般适用于各辅助生产部分提供劳务、作业的实际成本比较稳定的情况。

6.3　机械作业费用的归集

· 6.3.1　机械作业的特点 ·

施工机械是建筑安装工程施工的重要劳动手段。随着建筑工业化和施工机械化的水平不断提高,施工单位将会装备更多、更先进的施工机械。因此,要求我们加强施工机械的管理和核算,节约机械作业成本,从而促进工程成本的降低。

建筑施工企业使用自有的施工机械和运输设备,进行机械化施工和运输作业,以及机械出租业务,称为机械作业。施工企业除了少量对外机械出租业务外,其根本任务还是为本单位的工程施工服务。机械作业的这一特点,决定其作业成本必须单独进行归集和分配,并将其分配计入各受益对象,成为工程成本的组成部分。

因此,机械作业成本的核算不仅对工程成本有着直接的影响,而且也只有在计算出机械作业成本之后,才能进行工程成本的核算。

· 6.3.2　机械作业费用的归集方法及账户设置 ·

机械作业费用的核算,是指对使用的自有机械所发生的各项费用进行的归集与分配。

机械作业费用的归集方法,取决于机械化施工的组织形式。目前,机械化施工的组织形式主要有以下几种:

①在一个主管部门下,设立实行独立经济核算的机械化施工和运输作业的专业公司。

②在建筑企业内部设立实行内部独立核算的机械供应站和运输队。

③建筑企业内实行内部独立核算的施工单位使用自有机械设备进行机械施工和运输

作业。

④租用外单位机械设备进行作业。根据具体情况,可采取经营性租赁和融资性租赁。

本书主要介绍实行第3种组织形式,即内部独立核算的施工单位使用自有机械设备进行机械作业所发生的成本核算方法。

企业及其内部独立核算的施工单位、机械站和运输队使用自有的施工机械和运输设备进行机械作业所发生的各项费用,通过"机械作业"账户归集。该账户属于成本类科目,其借方登记使用自有机械设备进行机械作业所发生的机械作业支出,贷方月末登记按受益对象分配结转的机械作业支出,月终应无余额。

在"机械作业"账户下应设置"承包工程"和"机械出租"明细账户,详细反映为承包工程和机械出租业务进行机械化施工和运输作业所发生的各项开支。在明细账户下,还应再按成本核算对象和规定的成本项目设置明细账,进行明细分类核算。

成本核算对象应以施工机械和运输设备的种类确定。一般是大型机械或运输设备按单机或机组分类,小型机械或运输设备按类别分类。

成本费用项目一般分为以下几项:

• 人工费　人工费是指驾驶和操作施工机械人员的工资、奖金、计提的职工福利费、工资性质的津贴、劳动保护费等。

• 燃料及动力费　燃料及动力费是指施工机械和运输设备运转所消耗的燃料、动力费用。

• 折旧及修理费　折旧及修理费是指按规定标准对施工机械和运输设备计提的固定资产折旧费用,实际发生的经常性修理及大修理的费用,以及替换工具和部件的摊销费和维修费。

• 其他直接费　其他直接费是指施工机械和运输设备所耗用的润滑材料和擦拭材料费,以及预算定额所规定的其他费用,包括养路费、牌照费等。

• 间接费用　间接费用是指施工企业为组织和管理施工机械和运输作业所发生的费用,包括管理人员工资、奖金、职工福利费、劳动保护费、办公费、办公用的固定资产折旧费及修理费等。

需要强调的是,施工企业及其内部独立核算的施工单位,从外单位或本企业其他内部独立核算的机械站租用施工机械支付的租赁费,一般可以根据"机械租赁费结算单"所列的金额,直接计入有关受益工程成本核算对象的"机械使用费"成本项目。如果租用的施工设备是为两个或两个以上的工程服务,应按租用施工机械设备为各个工程成本核算对象所提供的作业台班数量进行机械租赁费分配,其分配额直接计入各受益成本核算对象的"机械使用费"成本项目中。

现举例说明机械作业成本归集的核算方法。

【例6.8】　某施工单位自有挖土机2台,2017年12月所发生的费用及所作的会计分录如下:

①应付挖土机司机的工资2 000元。

借:机械作业——承包工程——挖土机　　　　　　　　　　2 000
　　贷:应付职工薪酬——应付工资　　　　　　　　　　　　　　　2 000

②计提挖土机司机的职工福利费280元。

借:机械作业——承包工程——挖土机　　　　　　　　　　280
　　贷:应付职工薪酬——应付福利费　　　　　　　　　　　　　　280

③本月领用燃料的实际成本为 2 000 元。

借:机械作业——承包工程——挖土机　　　　　　　2 000

　　贷:原材料　　　　　　　　　　　　　　　　　　　　2 000

④计提挖土机折旧额为 1 800 元。

借:机械作业——承包工程——挖土机　　　　　　　1 800

　　贷:累计折旧　　　　　　　　　　　　　　　　　　　　1 800

⑤用银行存款支付购买润滑剂费 200 元。

借:机械作业——承包工程——挖土机　　　　　　　　200

　　贷:银行存款　　　　　　　　　　　　　　　　　　　　200

⑥支付挖土机分摊管理人员工资 1 080 元。

借:机械作业——承包工程——挖土机　　　　　　　1 080

　　贷:应付职工薪酬——应付工资　　　　　　　　　　　1 080

⑦计提挖土机分摊管理人员的职工福利费额为 151.2 元。

借:机械作业——承包工程——挖土机　　　　　　　151.2

　　贷:应付职工薪酬——应付福利费　　　　　　　　　　151.2

根据上述会计分录,登记"机械作业明细账",如表6.6所示。

表6.6　机械作业明细账

机械类别:挖土机　　　　　　　　　　　　　　　　　　　　　　　　　　　　　　单位:元

2017 年		凭证号数	摘　要	借　方	贷　方	余　额	借方明细发生额				
月	日						人工费	燃料及动力费	折旧及维修费	其他直接费用	间接费用
略	略	略	分配工资	2 000		2 000	2 000				
			计提福利费	280		280	280				
			领用燃料	2 000		2 000		2 000			
			计提折旧	1 800		1 800			1 800		
			支付润滑剂费	200		200				200	
			间接费用	1 231.2		1 231.2					1 231.2
			结转成本		8 211.2	0					
			本月合计	7 511.2	7 511.2	0	2 280	2 000	1 800	200	1 231.2

注:间接费用 = 管理人员工资(1 080) + 计提管理人员福利费(151.2)。

6.4　机械作业费用的分配

6.4.1　机械作业费用分配的依据

为了考核施工机械使用情况,施工单位应建立和健全施工机械使用情况的有关原始记录,以便将机械作业成本计入受益对象。能够反映施工机械使用情况的原始记录,主要有"机械运转记录"和"机械使用月报"。"机械运转记录"由机械操作人员逐日填写,"机械使用月报"由机械管理部门于月终时根据机械运转记录汇总编制。"机械运转记录"和"机械使用月报"的格式如表6.7、表6.8所示。

表6.7 机械运转记录

机械编号: 　　　配属单位: 　　　时间: 　年　月　日
机械名称: 　　　施工单位: 　　　单价:
规格型号: 　　　工程名称: 　　　金额:

施工项目	计量	完成数量		工作时间		停工时间				备注
及内容	单位	计划	实际	作业时数	有效时数	原因	开始	结束	时数	

表6.8 机械运转记录

机械名称	台数	合　计		施工对象				停工台数			
		台班	产量	项　目		项　目		气候影响	修理	待料	合计
				台班	产量	台班	产量				

·6.4.2　承包工程机械作业费用的分配方法·

施工企业及其所属各施工单位使用自有施工机械或运输设备进行机械作业所发生的各项费用通过"机械作业"科目和"机械作业明细账"科目归集以后,凡是能够分清受益工程成本核算对象的,应直接计入各受益工程成本核算对象的"机械使用费"成本项目,凡是不能分清受益工程成本核算对象的,可根据具体情况采用适当的方法进行分配,将其分配结果计入各受益工程成本核算对象的"机械使用费"成本项目。具体分配方法主要有:机械台班分配法、产量分配法、计划成本分配法、预算成本分配法。

1)机械台班分配法

机械台班分配法,是指按照各受益对象使用的机械台班数和台班实际成本分配机械作业费用的一种方法。计算公式为:

$$机械台班实际成本 = \frac{该种机械实际发生的作业成本}{该种机械实际完成的工作台班}$$

$$某受益对象分配额 = \frac{该受益对象实际}{使用机械台班数} \times \frac{机械台班}{实际成本}$$

【例6.9】 设某施工焊接机械本月实际发生的作业成本为2 400元,实际工作100台班,其中甲工程使用80台班,乙工程使用20台班,则可作如下分配:

焊接机械实际台班成本 = 2 400元÷100台班 = 24元/台班

甲工程应分配的机械作业成本 = 80台班×24元/台班 = 1 920元

乙工程应分配的机械作业成本 = 20台班×24元/台班 = 480元

这种方法适用于按单机或机组分别核算的施工机械及运输设备作业费用的分配。

2)产量分配法

产量分配法的分配原理与上述的机械台班分配法相同,仅在分配时将台班数量换为产量即可。计算公式为：

$$单位产量作业成本 = \frac{该种机械实际发生的作业成本}{该种机械的实际产量}$$

$$某受益对象分配额 = 该受益对象使用该种机械的产量 \times 单位产量作业成本$$

【例6.10】　以例6.9中的资料为例，假设焊接机械实际完成工程量为2 000件，其中甲工程完成的工程量1 200件，乙项目完成的工程量800件，则可作如下分配：

焊接机械单位作业成本 = 2 400元 ÷ 2 000件 = 1.2元/件

甲工程分配额 = 1 200件 × 1.2元/件 = 1 440元

乙工程分配额 = 800件 × 1.2元/件 = 960元

这种方法适用于能确定产量的各种机械设备的作业成本分配。

3）计划成本分配法

计划成本分配法，是按各种机械设备的台班计划成本和各受益对象实际使用的台班数量来分配机械作业成本的方法。实际发生的机械作业成本和按计划成本分配的金额之间的差额，再按照各受益对象已分配金额的比例进行调整。计算公式为：

$$\begin{matrix}某受益对象机械作 \\ 业计划成本分配额\end{matrix} = \begin{matrix}该受益对象使用某 \\ 种机械的台班数量\end{matrix} \times \begin{matrix}该机械计划 \\ 台班成本\end{matrix}$$

$$\begin{matrix}某受益对象机械 \\ 作业成本调整额\end{matrix} = \begin{matrix}该受益对象已分配 \\ 的作业计划成本\end{matrix} \times \frac{机械作业成本分配差额}{按计划分配的金额之和}$$

$$\begin{matrix}某受益对象机械作 \\ 业实际成本分配额\end{matrix} = \begin{matrix}该受益对象机械作 \\ 业计划成本分配额\end{matrix} + \begin{matrix}该受益对象机械作 \\ 业成本调整额\end{matrix}$$

【例6.11】　以例6.9中的资料为例，假设每台班计划单价25元，可作如下分配：

（1）受益对象机械作业计划成本分配额

甲工程机械作业计划成本分配额 = 80 × 25元 = 2 000元

乙工程机械作业计划成本分配额 = 20 × 25元 = 500元

机械作业计划成本分配总额 = （2 000 + 500）元 = 2 500元

（2）受益对象机械作业成本调整额

机械作业成本分配差额 = （2 400 - 2 500）元 = -100元

甲工程机械作业成本调整额 = 2 000 × （-100）÷ 2500元 = -80元

乙工程机械作业成本调整额 = 500 × （-100）÷ 2500元 = -20元

（3）受益对象机械作业实际成本分配额

甲工程机械实际成本分配额 = （2 000 - 80）元 = 1 920元

乙工程机械实际成本分配额 = （500 - 20）元 = 480元

4）预算成本分配法

预算成本分配法，是以该类机械实际发生的作业成本与各受益对象的机械作业预算成本的比例进行机械作业成本的分配。其计算公式为：

$$某类机械作业费用分配率 = \frac{该类机械实际发生作业成本}{各受益对象的机械作业预算成本之和}$$

$$\begin{matrix}某受益对象机械 \\ 作业费用分配额\end{matrix} = \begin{matrix}该工程机械作业 \\ 预算成本\end{matrix} \times \begin{matrix}该类机械作业费 \\ 用分配率\end{matrix}$$

【例6.12】 以例6.9中的资料为例,假设甲工程焊接机械预算费用为2 000元,乙工程焊接机械预算费用为500元,可作如下分配:

焊接机预算费用分配率 = 2 400元 ÷ (2 000 + 500)元 = 0.96

甲工程机械费用分配额 = 2 000元 × 0.96 = 1 920元

乙工程机械费用分配额 = 500元 × 0.96 = 480元

预算成本分配法一般适用于小型机械设备作业费用的分配。

· 6.4.3 机械作业费用的会计处理 ·

(1)自有机械作业费用的会计处理

施工单位使用自有施工机械发生的机械作业费用,根据实际情况,选用合适的方法对机械作业费用进行分配后,可作如下会计处理:

借:工程施工——合同成本

贷:机械作业——承包工程(某核算对象)

(2)出租机械作业费用的会计处理

施工单位出租机械设备,应按规定的结算价格和结算办法,向租用机械设备的单位收取租赁费用,用于补偿出租机械设备所发生的机械作业费用。因此,出租机械的作业费用不得计入工程成本,而应作为企业其他业务处理,记入"其他业务支出"。会计处理如下:

借:其他业务支出

贷:机械作业——机械出租(某核算对象)

小结6

辅助生产费用的核算,是指对辅助生产部门为生产产品或提供劳务而发生的原材料费用、动力费用、工资及福利费及辅助生产部门的制造费用等各项耗费的归集和分配。机械作业费用核算,是指对施工单位使用自有施工机械进行机械施工的过程中所发生的各种耗费进行归集和分配。做好辅助生产费用和机械作业费用的核算,有利于正确计算材料、劳务和机械作业费用,是成本计算的基础。辅助生产费用和机械作业费用一般采用先归集后分配的核算办法。

辅助生产费用通过"生产成本——辅助生产成本"账户进行归集。按成本核算对象和成本项目设置辅助生产明细账,归集各辅助生产部门实际发生的费用。期末时将辅助生产费用按一定的分配方法分配计入各受益对象的成本。分配方法有:直接分配法、交互分配法和计划成本分配法等。

机械作业费用通过"机械作业"账户进行归集。按成本核算对象和成本项目设置机械作业明细账,归集各项机械作业实际发生的费用。期末时将承包工程发生的机械作业费用按一定的分配方法分配计入各受益对象的成本。分配方法有:机械台班分配法、产量分配法、计划成本分配法、预算成本分配法。

辅助生产费用和机械作业费用分配后,计入"工程施工"等账户。

辅助生产费用的归集通过设置和登记"辅助生产明细账"进行。辅助生产明细账应按部门和成本核算对象设置,并按规定的成本项目分设专栏,进行明细分类核算。

复习思考题 6

6.1　什么叫辅助生产费用？如何进行归集的？

6.2　辅助生产费用的分配方法有哪几种？如何进行分配？

6.3　什么叫机械作业费用？如何进行归集的？

6.4　施工单位使用自有施工机械发生的机械作业费用的分配方法有哪几种？如何进行分配？

6.5　练习辅助生产费用的分配。

(1)资料：某施工企业有供水和供电两个辅助生产车间，主要为本企业的施工单位和行政管理等部门服务。供水车间本月发生费用为 30 400 元，供电车间本月发生费用为 18 150 元。

各辅助生产车间供应劳务数量见下表：

受益单位	耗水/t	耗电/(kW·h)
供水车间		5 000
供电车间	4 000	
甲工程	6 500	5 000
乙工程	5 500	3 500
施工管理	2 000	18 000
机械作业	1 000	1 500
合　计	19 000	33 000

单位劳务计划成本：水 1.55 元/t，电 0.52 元/(kW·h)。

(2)要求：采用直接分配法、交互分配法和计划成本分配法分配辅助生产费用，编制"辅助生产费用分配表"和会计分录。

6.6　练习承包工程机械作业费用的分配方法。

(1)资料：某施工单位某月机械作业费用分配资料如下：

①"机械作业明细账"归集的成本为混凝土搅拌机 8 000 元，挖土机 24 000 元，推土机 12 000元。

②本月各类机械使用情况见下表：

机械类别	台数	甲工程		乙工程	
		台班	产量/m³	台班	产量/m³
混凝土搅拌机	5	40	400	60	600
挖土机	2	20	8 000	30	12 000
推土机	2	20	4 000	27	5 400

③台班计划单价：混凝土搅拌机 90 元，挖土机 500 元，推土机 230 元。

(2)要求：采用机械台班分配法、产量分配法、计划成本分配法分配机械作业费用，编制"机械作业费用分配表"和会计分录。

7 施工间接费用与临时设施费用的核算

本章导读

- **基本要求** 了解施工间接费用的组成、临时设施的内容;熟悉施工间接费用的分类、临时设施核算设置的账户;掌握施工间接费用的归集和分配、临时设施的核算、临时设施摊销的核算、临时设施维修、拆除和报废的核算。
- **重点** 施工间接费用的归集和分配,临时设施的核算,临时设施摊销的核算,临时设施维修、拆除和报废的核算。
- **难点** 施工间接费用的分配,临时设施拆除和报废的核算。

7.1 施工间接费用的核算

施工间接费用是指施工企业所属各施工单位(如工区、工程处、施工队、项目部等)为组织和管理施工生产活动所发生的各项费用。临时设施是指施工企业为保证施工生产和管理工作的正常进行而在施工现场建造的生产和生活用的多种临时性简易设施。这两种费用均是工程成本的重要组成部分,正确核算施工间接费用和临时设施摊销费用,具有十分重要的意义。

· 7.1.1 施工间接费用的组成 ·

由于施工间接费用是施工企业所属各施工单位为组织和管理施工生产活动所发生的共同性费用,一般难以分清具体的受益对象,因此,费用发生后,不能直接计入工程成本中,应先归集,然后采用一定的方法分配计入工程成本中去。所以施工间接费用核算的任务是:正确归集与合理分配施工间接费用,保证工程成本计算的准确性。

施工企业的施工间接费用一般包括以下内容:

①管理人员工资,是指施工单位管理人员的工资、奖金和工资性津贴。

②职工福利费,是指按照施工单位管理人员工资总额14%提取的职工福利费。

③劳动保护费,是指用于施工单位管理人员的劳动保护用品和技术安全设施的购置、摊销和修理费,如供保健的解毒剂、营养品、防暑饮料,供洗涤用的肥皂等物品的购置费或补助费,以及洗澡、饮水的燃料费等。

④办公费,是指施工单位管理部门办公用的文具、纸张、账表、印刷、邮电、书报、会议、水

电、取暖(包括现场临时宿舍取暖)等费用。

　　⑤差旅费,是指施工单位管理人员因公出差期间的差旅费、住宿补助费、市内交通费和误餐补助费、探亲路费,劳动力招募费,职工离退休、退职一次性路费,工伤人员医药费,工地转移费,以及管理使用的交通工具的油料、燃料、养路费及牌照费等。

　　⑥折旧费,是指施工单位管理使用的属于固定资产的房屋、设备、仪器等计提的折旧费。

　　⑦修理费,是指施工单位管理使用的属于固定资产的房屋、设备、仪器所发生的修理费用。

　　⑧低值易耗品使用费,是指施工单位管理和试验部门等使用的不属于固定资产的工具、器具、家具和检验、试验、测绘、消防用具等的购置、摊销和维修费。

　　⑨保险费,是指管理用财产、车辆保险费,以及海上、高空、井下作业等特殊工种安全保险费。

　　⑩工程保修费,是指工程竣工交付使用后,在规定保修期以内预提的修理费用。

　　⑪物料消耗费,是指施工过程中领用的、不能确认其工程归属的零星材料,以及修理与维护费的物料等。

　　⑫其他费用,是指上列各项费用以外的其他间接费用,如环境保护税、预算编制费等。

　　从间接费用明细项目中,可以看出它与材料费等变动费用不同。它属于相对固定的费用,其费用总额并不随着工程量的增减而成比例增减。但单位工程分摊的费用则随着工程数量的变动成反比例变动,即完成工程数量增加,单位工程分摊的费用随之减少;反之,完成工程数量减少,单位工程分摊的费用随之增加。因此,超额完成工程任务,也可降低工程成本。

· 7.1.2　施工间接费用的分类 ·

　　由于施工间接费用包括了施工单位所有不属于直接人工费、直接材料费、直接机械使用费及其他直接费用的开支,内容繁杂。所以为了便于加强管理和控制,应对其进行必要的分类。在实际工作中,可将其分为以下3大类:

　　(1)间接人工费

　　间接人工费是指不属于直接人工成本,其发生不和工程施工有直接关系的各种工资性开支,如管理人员的工资和福利费用等。

　　(2)间接材料费

　　间接材料费是指所有在施工过程中使用的,不能确认其工程归属,或虽可确定其所归属的工程,但数额过于小而不易直接计入工程成本的材料费用,如零星物料消耗、低值易耗品使用费。

　　(3)其他间接施工费用

　　其他间接施工费用是指除上述两类以外的其他施工间接费用,如固定资产使用费、办公费、差旅交通费等。

　　将施工间接费用划分为间接人工费、间接材料费和其他间接施工费用,有利于各项费用的归集和分配。

· 7.1.3 施工间接费用归集的账务处理 ·

1）施工间接费用核算的账户设置

为了总括反映和监督施工单位在一定时期内间接费用的发生和分配情况,应设置"工程施工——合同成本(间接费用)"科目,它属于成本类科目,用来核算企业所属各施工单位为组织和管理施工生产活动所发生的各项费用。其借方登记实际发生的各项间接费用,贷方登记按受益对象分配结转的施工间接费用。本科目期末结转后无余额。

2）施工间接费用的归集

施工单位发生的各项施工间接费用,按其用途和发生地点进行归集,并于发生时,直接根据支出凭证或据以编制的其他费用分配表记入"工程施工——合同成本(间接费用)"的借方。

【例7.1】 某施工企业所属的A施工队2017年10月份发生下列经济业务:

①以现金300元支付办公用品购置费。会计分录为:

    借:工程施工——合同成本(间接费用)   300
      贷:库存现金   300

②报销职工上下班交通补贴费200元,以现金支付。会计分录为:

    借:工程施工——合同成本(间接费用)   200
      贷:库存现金   200

③根据"工资分配表",应付工程队管理人员工资3 000元,工程保修人员工资50元。会计分录为:

    借:工程施工——合同成本(间接费用)   3 050
      贷:应付职工薪酬——应付工资   3 050

④管理部门支付通勤车修理费800元,以现金支付。会计分录为:

    借:工程施工——合同成本(间接费用)   800
      贷:库存现金   800

⑤根据"职工福利费计提分配表",计提管理人员福利费420元、工程保修人员福利费7元。会计分录为:

    借:工程施工——合同成本(间接费用)   427
      贷:应付职工薪酬——应付福利费   427

⑥本月该施工队行政管理用固定资产折旧费为2 000元,会计分录为:

    借:工程成本——合同成本(间接费用)   2 000
      贷:累计折旧   2 000

⑦行政管理部门领用一次性摊销的低值易耗品1 000元,会计分录为:

    借:工程施工——合同成本(间接费用)   1 000
      贷:周转材料——低值易耗品   1 000

⑧本月随同工资一并支付给管理人员劳保费1 500元。会计分录为:

    借:工程施工——合同成本(间接费用)   1 500
      贷:库存现金   1 500

⑨转账支付财产保险费10 000元。作会计分录为:

借:工程施工——合同成本(间接费用)　　　　　　　　10 000

　　贷:银行存款　　　　　　　　　　　　　　　　　　　　　10 000

该施工单位财会部门可根据上述会计分录,登记"间接费用明细账",如表7.1所示。根据"间接费用明细账"可登记"间接费用明细表"。

表 7.1　间接费用明细账

单位名称:　　　　　　　　　　　　　　　　　　　　　　　　　　　　　　　　单位:元

2017 年		凭证号数	摘　要	借方	贷方	余额	借方明细发生额					
月	日						管理人员工资福利费和劳动保护费	办公费和差旅费	折旧和修理费	工具用具使用费	财产保险费	其他
		①	支付办公费	300		300		300				
		②	报销差旅费	200		500		200				
		③	分配管理人员工资	3 050		3 550	3 050					
		④	修理费用	800		4 350			800			
		⑤	计提职工福利费	427		4 777	427					
		⑥	计提固定资产折旧费	2 000		6 777			2 000			
		⑦	低值易耗品的摊销费	1 000		7 777				1 000		
		⑧	支付劳动保护费	1 500		9 277	1 500					
		⑨	支付财产保险费	10 000		19 277					10 000	
			分配结转间接费		19 277	0						
			本月合计	19 277	19 277		4 977	500	2 800	1 000	10 000	

· 7.1.4　施工间接费用的分配的账务处理 ·

1)施工间接费用的分配方法

为了便于工程实际成本与预算成本相比较,进行工程成本分析和考核,施工企业所属各施工单位间接费用的分配标准应与预算定额所规定的间接费用取费标准口径一致。在施工图预算中,间接费用(即现场经费,下同)的取费标准是根据不同的工程类型和施工地区的具体情况计算确定的。如建筑工程一般是按预算直接费的一定比例计取间接费用的,因此,实际发生的间接费用一般应以各工程实际发生的直接费成本为分配标准;设备安装工程一般是按预算人工费的一定比例计取间接费用的,因此,实际发生的间接费用一般应以各工程实际发生的人工费成本为分配标准。在实际工作中,一个施工单位内部一般既有建筑工程又有设备安装工程,还有辅助生产和机械作业部门的产品、劳务和作业,有一部分是提供给本单位的建筑工程或安装工程,也有一部分是对外单位或本企业其他内部独立核算单位销售,还有一部分是提供给本企业的在建工程等。因此,各施工单位所发生的间接费用,必须先在这些不同类别的工程、产品、劳务和作业之间进行分配,然后再在各类工程、产品、劳务、作业内部不同的成本核算对象之间进行分配。一般情况下,辅助生产部门、机械作业部门为本单位建筑工程或安装工程提供产品、劳务和作业的成本不负担间接费用,而向外单位或本企业其他内部独立核算单位、在建工程等销售或提供产品、劳务和作业的成本,则应负担间接费用。因此,各施工单位间接费用的分配一般需要分两次进行。

(1)间接费用的第一次分配

第一次分配是将各施工单位发生的全部间接费用在不同类别的工程(建筑工程、安装工程或间接费用计取基数不同的其他工程)以及对外销售产品、劳务、作业之间进行分配。在实际工作中,一般是以人工费作为间接费用第一次分配的标准。其计算公式如下:

$$\begin{array}{l}\text{某类工程(产品、劳务、} \\ \text{作业)应分配的间接费用}\end{array} = \begin{array}{l}\text{该类工程(产品、劳务、作} \\ \text{业)成本中的人工费总额}\end{array} \times \begin{array}{l}\text{某施工单位本期} \\ \text{间接费用分配率}\end{array}$$

$$\begin{array}{l}\text{某施工单位本期} \\ \text{间接费用分配率}\end{array} = \frac{\text{该施工单位本期实际发生的间接费用总额}}{\begin{array}{c}\text{该施工单位本期各类工程(产品、} \\ \text{劳务、作业)成本中的人工费总额}\end{array}} \times 100\%$$

(2)间接费用的第二次分配

第二次分配是指将第一次分配到各类工程以及对外销售产品、劳务、作业成本中的间接费用,再在同类工程、产品、劳务、作业内部各成本核算对象之间进行分配。间接费用的第二次分配一般根据各类工程、产品、劳务、作业的特点和预算中间接费用的取费标准不同,分别采用不同的分配方法。

• 直接费用比例法　直接费用比例法即是以各建筑工程成本核算对象实际发生的直接费用为基数分配间接费用的一种方法。一般适用于建筑工程间接费用的分配。其计算公式为:

$$\begin{array}{l}\text{某建筑工程成本核算} \\ \text{对象应分配的间接费用}\end{array} = \begin{array}{l}\text{该建筑工程成本核算对象} \\ \text{本期实际发生的直接费成本}\end{array} \times \begin{array}{l}\text{建筑工程的间} \\ \text{接费用分配率}\end{array}$$

$$\begin{array}{l}\text{建筑工程的间} \\ \text{接费用分配率}\end{array} = \frac{\text{全部建筑工程本期应分配的间接费用总额}}{\text{全部建筑工程本期实际发生的直接费成本总额}} \times 100\%$$

• 人工费用比例法　人工费用比例法即是以各安装工程成本核算对象实际发生的人工费用为基数分配间接费用的一种方法。一般适用于安装工程间接费用的分配。其计算公式如下:

$$\begin{array}{l}\text{某安装工程成本核算} \\ \text{对象应分配的间接费用}\end{array} = \begin{array}{l}\text{该安装工程成本核算对象} \\ \text{本期实际发生的人工费}\end{array} \times \begin{array}{l}\text{安装工程的间} \\ \text{接费用分配率}\end{array}$$

$$\begin{array}{l}\text{安装工程的间} \\ \text{接费用分配率}\end{array} = \frac{\text{全部安装工程本期应分配的间接费用总额}}{\text{全部安装工程本期实际发生的人工费用总额}} \times 100\%$$

• 产品、劳务、作业间接费用的分配方法　产品、劳务、作业间接费用的分配既可以采用直接费用比例法,也可以采用人工费用比例法,各施工单位可以根据其具体情况自主确定。其计算公式如下:

$$\begin{array}{l}\text{产品(或劳务、作业)} \\ \text{间接费用分配率}\end{array} = \frac{\begin{array}{c}\text{全部对外销售产品(或劳务、作} \\ \text{业)本期应分配的间接费用总额}\end{array}}{\begin{array}{c}\text{全部对外销售产品(或劳务、作业)本期} \\ \text{实际发生的直接费成本(或人工费)总额}\end{array}} \times 100\%$$

$$\begin{array}{l}\text{某产品(或劳务、作业)} \\ \text{应分配的间接费用}\end{array} = \begin{array}{l}\text{该产品(或劳务、作业)本期实际} \\ \text{发生的直接费成本(或人工费)}\end{array} \times \begin{array}{l}\text{产品(或劳务、作业)} \\ \text{间接费用分配率}\end{array}$$

2）施工间接费用分配的核算

施工企业根据本企业实际情况和施工间接费用分配的计算方法，计算出各受益对象应分摊的间接费用额，即可作如下财务处理：借记"工程施工——合同成本（某工程或产品等）"等科目，贷记"工程施工——合同成本（间接费用）"科目。

【例7.2】　某建筑公司A施工单位本月实际发生的间接费用总额为122 010元。假设本月份只有第一生产车间和第二生产车间厂房工程两项建筑工程的施工任务，没有发生对外销售产品、劳务、作业的业务。第一车间本月发生的直接费成本为728 280元，第二车间本月发生的直接费成本为491 820元，则第一生产车间和第二生产车间两项工程应分配的施工间接费用计算如下：

$$施工间接费用分配率 = \frac{122\ 010\ 元}{(728\ 280 + 491\ 820)\ 元} \times 100\% = 10\%$$

$$第一车间厂房分配的间接费用 = 728\ 280\ 元 \times 10\% = 72\ 828\ 元$$

$$第二车间厂房分配的间接费用 = 491\ 820\ 元 \times 10\% = 49\ 182\ 元$$

根据上述计算的结果，编制"施工间接费用分配表"如表7.2所示。

表7.2　施工间接费用分配表

2017年5月

A施工单位　　　　　　　　　　　　　　　　　　　　　　　　　　　　　单位：元

工程成本核算对象	直接费成本	分配率	分配金额
第一车间厂房工程	728 280	10%	72 828
第二车间厂房工程	491 820	10%	49 182
合　计	1 220 100	10%	122 010

根据"间接费用分配表"，作会计分录如下：

借：工程施工——合同成本（第一车间）　　　　　72 828

　　　　——合同成本（第二车间）　　　　　49 182

　贷：工程施工——合同成本（间接费用）　　　　　　　　122 010

A施工单位根据上述会计分录，即可将施工间接费用登记到"工程成本明细账"和"工程成本明细卡"的间接费用栏内。

7.2　临时设施费用的核算

·7.2.1　临时设施的内容·

临时设施是指施工企业为保证施工生产和管理工作的正常进行而在施工现场建造的生产和生活用的各种临时性简易设施，主要包括：施工现场临时作业棚、机具棚、材料库、办公室、休息室、茶炉棚、厕所、化灰池、储水池、沥青锅灶等，临时道路、围墙，临时给排水、供电、供热等管线，临时性简易周转房，以及现场临时搭建的职工宿舍、食堂、浴室、医务室、理发室、托儿所等临时福利设施。

向建设单位收取的临时设施费,由施工企业包干使用。施工企业应合理搭建各种临时设施,保证施工生产的和管理工作的正常进行。对施工现场原有可供利用的各种设施,应尽量加以利用,确需搭建的临时设施,也要根据施工组织设计规划的要求,根据施工期限的长短和施工现场的具体条件,因地制宜、合理安排。

· 7.2.2　临时设施核算应设置的账户 ·

为了总括地核算和监督临时设施的搭建成本和价值摊销情况,以及出售、拆除、报废临时设施的清理情况,施工企业应设置下列会计科目:

1)"临时设施"科目

该科目属于资产类科目,用来核算施工企业为保证施工和管理的正常进行而购建的各种临时设施的实际成本。其借方登记企业购置或搭建各种临时设施的实际成本,贷方登记企业出售、拆除、报废不需要或不能继续使用的临时设施的原价,期末借方余额反映企业在用临时设施的账面原价。该科目应按临时设施的种类和使用部门设置明细账,进行明细分类核算。

2)"临时设施摊销"科目

该科目属于资产类科目,也是"临时设施"科目的备抵调整科目,用来核算企业各种临时设施在使用过程中发生的价值损耗,即临时设施价值的摊销情况。其贷方登记企业按月计提摊入工程成本的临时设施摊销额,借方登记企业出售、拆除、报废、毁损和报废临时设施的已提摊销额,该科目期末贷方余额,反映施工企业临时设施累计摊销额。该科目只进行总分类核算,不进行明细分类核算。如需要查明临时设施的累计摊销额,可以根据临时设施卡片上所记载的该项临时设施的原价、摊销率和实际使用年限等资料进行计算。

3)"临时设施清理"科目

该科目属于资产类科目,用来核算企业因出售、拆除、报废和毁损等原因而转入清理的临时设施账面价值,以及发生的清理费用和取得的清理收入。其借方登记出售、拆除、报废和毁损临时设施的账面价值以及发生的清理费用,贷方登记收回出售临时设施的价款和清理过程中取得的残料价值或变价收入,期末如为借方余额,反映临时设施清理后的净损失,如为贷方余额,则反映临时设施清理后的净收益。临时设施清理工作结束后,应将净损失或净收益分别转入"营业外支出"和"营业外收入"科目,结转后,该科目应无余额。该科目应按被清理的临时设施名称设置明细账进行核算。

· 7.2.3　临时设施的核算 ·

施工企业购置的临时设施所支付的各项实际成本可直接计入"临时设施"科目。对于通过建筑安装才能完成的临时设施,发生的各有关费用,先通过"在建工程"科目核算,工程达到预定可使用状态时,再从"在建工程"科目转入"临时设施"科目。

【例7.3】　企业在施工现场搭建临时作业棚,其实际搭建成本为28 800元,其中:领用库存材料的计划成本为15 000元,应负担的材料成本差异为2%,应付搭建人员的工资为8 000元,应付福利费为1 120元,以银行存款支付的其他费用为4 380元。临时设施已完工交付使用。其账务处理方法如下：

(1)搭建时

借:在建工程　　　　　　　　　28 800

　贷:原材料　　　　　　　　　　　　15 000

　　材料成本差异　　　　　　　　　　300

　　应付职工薪酬——应付工资　　　 8 000

　　应付职工薪酬——应付福利费　　 1 120

　　银行存款　　　　　　　　　　　 4 380

(2)交付使用时

借:临时设施　　　　　　　　　28 800

　贷:在建工程　　　　　　　　　　　28 800

·7.2.4　临时设施摊销的核算·

1)临时设施摊销的计算

由于临时设施的使用期限一般较长,在使用过程中基本上保持其原有的实物形态,因此,其价值也应该逐渐地、陆续地转移到受益的工程成本中去,即应将临时设施的价值采用摊销的方法分期计入受益的工程成本。施工企业的各种临时设施应当在工程建设期间内按月进行摊销,摊销方法可采用工作量法,也可采用工期法,但一般都采用工期法。当月增加的临时设施,当月不摊销,从下月起开始摊销;当月减少的临时设施,当月继续摊销,从下月起停止摊销。按工期摊销的计算公式如下:

$$临时设施月摊销额 = \frac{临时设施原值 \times (1 - 预计净残值率)}{预计使用期限(月)}$$

2)临时设施摊销的会计处理

施工单位所建造的各种临时设施,其使用期与为之服务的工程建设期相同,因而应将搭建临时设施所发生的实际支出,根据其服务年限和服务对象合理确定分摊方法,按期计提摊销额,并分配计入受益工程的成本中去。摊销时,先按应摊销的临时设施借记"工程施工——合同成本(临时设施摊销)",贷记"临时设施摊销"。

【例7.4】　假设例7.3中临时设施预计净残值率为5%,预计工程的受益期为两年。其账务处理方法如下:

计算临时设施作业棚的月摊销额

$$临时作业棚月摊销额 = \frac{28\ 800\ 元 \times (1 - 5\%)}{24} = 1\ 140\ 元$$

按月计提摊销额时的会计分录为:

借:工程施工——合同成本(临时设施摊销)　　　　1 140

　贷:临时设施摊销　　　　　　　　　　　　　　　　　1 140

·7.2.5　临时设施维修、拆除和报废的核算·

1)临时设施维修的核算

施工单位发生的临时设施维修费用,可直接通过"工程施工"账户核算,发生各项开支时,借记"工程施工——合同成本(临时设施修理费)"账户,贷记"原材料""应付职工薪酬"等账户。

2)临时设施拆除、报废的核算

拆除、报废不需用或不能继续使用的临时设施,可通过"临时设施清理"核算。清理时,将临时设施的账面价值记入"临时设施清理"的借方,将已提摊销额记入"临时设施摊销"的借方,同时将临时设施的账面原价记入"临时设施"账户的贷方,发生的变价收入和收回的残料价值,记入"银行存款""原材料"等账户的借方,以及"应付工资"等账户的贷方。清理后的净损益,借记"营业外支出"(或贷记"营业外收入")账户,以及贷记或借记"临时设施清理"账户。

【例7.5】 某施工单位本期维修临时设施,领用材料1 000元,分配工资100元。可作会计分录如下:

借:工程施工——合同成本(临时设施修理费)   1 100

    贷:原材料   1 000

        应付职工薪酬   100

【例7.6】 某施工单位将一座不能继续使用的临时木工棚拆除,原价10 000元,已提摊销额9 400元,拆除时应分配人工费100元,残料回收500元。可作如下会计分录:

(1)注销拆除临时设施的原价和已提摊销额时

借:临时设施清理   600

    临时设施摊销   9 400

    贷:临时设施   10 000

(2)发生临时设施拆除费用时

借:临时设施清理   100

    贷:应付职工薪酬   100

(3)登记残料变价收入时

借:原材料   500

    贷:临时设施清理   500

(4)结转清理净损失时

借:营业外支出   200

    贷:临时设施清理   200

小结7

施工间接费用是施工企业下属独立核算的施工单位为组织和管理施工生产活动所发生的费用。它是一项共同性的耗费,成本发生后不能直接记入某项工程成本,因此必须先行归集,然后采用一定的方法分配计入受益的工程项目成本中去。归集时将发生间接的费用,借记"工程施工——合同成本(间接费用)"科目,贷记"周转材料——低值易耗品","累计折旧"等科目。分配结转时,借记"工程施工——合同成本(×××工程)"等科目,贷记"工程施工——合同成本(间接费用)"科目。

临时设施是施工企业为保证施工生产和管理工作正常进行,在施工现场购建的生产和生活用的各种临时性建造设施。

购建临时设施发生的费用直接借记"临时设施"科目的借方,贷记"银行存款"等科目。需要通过建筑安装才能完成的临时设施,发生的各有关费用,先通过"在建工程"科目核算,工程达到预定可使用状态时,再从"在建工程"科目转入"临时设施"科目。

施工企业的各种临时设施应当在工程建设期间内按月进行摊销,摊销方法一般采用工期法。按月摊销额,借记"工程施工——合同成本"等科目,贷记"临时设施摊销"科目。

临时设施出售、拆除、报废和毁损时应及时清理。清理时,按临时设施账面价值,借记"临时设施清理"科目,按已提摊销额,借记"临时设施摊销"科目,按其账面原价,贷记"临时设施"科目。取得的变价收入和收回的残料价值,借记"银行存款""原材料"等科目,贷记"临时设施清理"科目。发生清理费用时,借记"临时设施清理"科目,贷记"银行存款"等科目。临时设施清理后,如为清理净损失,借记"营业外支出"科目,贷记"临时设施清理"科目,如为清理净收益,借记"临时设施清理"科目,贷记"营业外收入"科目。

复习思考题 7

7.1　什么是施工企业的间接费用? 它有什么特点?

7.2　施工间接费用包括哪些内容?

7.3　施工间接费用应如何分配?

7.4　什么是临时设施? 临时设施包括哪些内容?

7.5　施工企业一般使用什么方法摊销临时设施的价值?

7.6　练习临时设施的搭建、摊销和拆除的会计核算。

(1)资料:某建筑公司的第一施工队在施工现场搭建临时仓库,该临时设施在搭建过程中,领用在建工程准备的材料实际成本为 80 000 元,领有库存材料的计划成本为 40 000 元,材料成本差异率为 1%,应付搭建人员工资为 40 000 元,应付福利费为 5 600 元,以银行存款支付其他费用为 10 000 元,临时设施搭建完成,交付使用,其预计净残值率为 4%,预计工程的受益期限为 3 年。

(2)要求:

①作出搭建临时设施的相关会计分录;

②作出摊销临时设施的相关会计分录;

③如果该项临时设施实际使用两年半后,由于承包工程竣工不再需要,将其拆除。作出该临时设施拆除的会计分录。

7.7　练习施工间接费用的归集与分配。

(1)资料:某施工企业下属的某一施工队 2017 年 8 月份发生下列有关经济业务:

①以银行存款支付工地燃料费 2 000 元,支付管理费、劳保用品修理费 800 元;

②计提固定资产折旧费 8 000 元;

③根据"工资分配表",应付管理人员工资 50 000 元;

④按比例计提职工福利费(14%);

⑤报销工人探亲路费 6 000 元,以现金支付;

⑥领用一次性摊销的工具 300 元,劳保用品 200 元;

⑦交通车领用油料 1 600 元;

⑧领用零星材料 400 元;

⑨摊销保险费 2 000 元;

⑩本月该施工单位工程项目资料如下表:

单位:元

工程类别	工程项目	直接成本	其中:人工费成本
建筑工程	101 合同项目	1 000 000	94 000
	201 合同项目	800 000	50 000
	202 合同项目	600 000	46 000
安装工程	403 合同项目	500 000	32 000

(2)要求:

①根据上述资料,编制间接费用发生的会计分录;

②登记"施工间接费用明细账";

③根据上述资料分配施工间接费用,编制分配的相关会计分录。

8 工程成本结算与决算

本章导读

● 基本要求 了解已完(已结算)工程和未完(未结算)工程的划分、工程预算成本计算的依据、工程成本的明细分类核算;理解工程预算成本计算的方法;熟悉工程成本的结算与竣工成本决算;掌握工程实际成本中人工费的核算、材料费的核算、机械使用费的核算、其他直接费的核算、施工间接费用分配的核算。

● 重点 工程实际成本中人工费的核算、材料费的核算、机械使用费的核算、其他直接费的核算、施工间接费用分配的核算。

● 难点 工程实际成本中人工费的核算、材料费的核算、机械使用费的核算;通过各项工程成本结算表和竣工成本决算书,找出本次施工组织活动的优势和不足,并提出改进意见。

施工单位在工程施工过程中发生的各类施工费用,通过前述的方法进行归集和分配以后,已经登记在"工程施工"账户。本章将详细介绍各类施工费用分配计入各成本核算对象和计算各项工程成本的方法,从而计算出各成本核算对象在一定时期及自开工至竣工期间所发生的实际成本。

施工企业除每期计算工程实际成本外,还应及时对已完工程进行结算,对竣工工程进行决算。通过工程成本的决算,可以真实地反映出每项工程在一定时期及整个施工周期内成本的真实水平,然后与预算成本对比,就能正确揭示成本的节超情况,从而为工程成本管理提供信息,促进施工管理水平的不断提高。为此,工程成本核算应完成以下任务:正确计算工程的实际成本与预算成本,真实反映工程成本水平;及时办理定期成本结算与竣工成本决算,为确认当期施工活动成果和总结竣工工程施工管理经验教训提供依据。

8.1 工程预算成本的计算

工程预算成本,是指根据已完(或已结算)工程的工程数量和预算单价计算的成本,它是建筑安装工程的社会成本,也是建筑安装工程价格的重要组成部分。通过工程预算成本与实际成本的对比,可以计算和考核工程成本的节超情况,有利于及时发现施工过程中存在的问题,促进施工单位改进施工与管理工作,不断提高企业的经济效益。

· 8.1.1 已完(或已结算)工程和未完(或未结算)工程的划分 ·

1)已完工程和未完工程的划分

所谓"已完工程",就是已完成定额中规定的一定组成部分内容的工程,通常为分部分项工程。这部分已完成预算定额中规定工程内容的分部分项工程,虽不具有完整的使用价值,也不是施工企业的竣工工程,但是由于施工单位对这部分工程不再需要进行任何施工活动,已可确定工程数量和工程质量,故可将它作为已完成的工程,计算它的预算成本和预算造价,并向发包单位进行工程款结算。

施工单位在工程施工过程中,除了已完工程外,还有一部分已投入人工、材料,但没有完成预算定额中规定的工程内容,不易确定工程数量和工程质量,这部分工程,通常称为"未完工程"。

正确计算和确定一定时期已完工程的预算成本和预算价格,是组织成本核算和办理工程价款结算工作的前提。

2)已结算工程和未结算工程的划分

已结算工程,是指根据工程合同的规定,在一定时期内可与发包单位办理工程价款结算的分部分项工程或竣工工程。已结算工程的内容取决于工程的结算方式,一般来说,实行按期预支、月终结算办法的为当期已完工程,实行合同完成后一次结算办法的为当期竣工工程,实行按完工进度分段结算办法的为当期分段已完工程等。

未结算工程,是指尚未或尚不能与发包单位办理工程价款结算的工程,如实行合同完成后一次结算办法的在建工程,实行按完工进度分段结算办法的该段尚不能办理结算的已完工程等。

已结算工程是计算当期工程预算成本的依据和基础。

· 8.1.2 工程预算成本计算的依据 ·

工程预算成本是根据已完工程实物量和预算单价等资料计算的。因此,工程预算成本计算的主要依据有:

1)已完工程结算表

已完工程结算表是一种基础统计报表,一般于月终时由预算部门根据实际验收的已完工程数量、预算单价和费用定额等有关资料通过计算、编制而成。它既是统计完成工程量、施工产值和工程预算成本计算的依据,同时也是与发包单位办理工程进度款结算的依据。因此,施工单位必须正确、及时地填报,不得漏报或多报。其格式如表8.1所示。

2)建筑安装工程计价定额(基价表)

计价定额是编制工程预算、编制标底、统计报量和计算工程预算成本的依据,各地区都有统一的规定。根据建筑安装工程的组成内容,计价定额主要分有:建筑工程计价定额、装饰工程计价定额、市政工程计价定额、维修工程计价定额和安装工程计价定额等。实行"工程量清单"计价的,则为施工企业的定额。

表8.1 已完工程结算表

发包单位：　　　　　　　　　　　　　2017 年 12 月

定额编号	工程名称及费用项目	计量单位	实物工程量	预算单价/元	金额/元
	一、405 合同项目				
	人工挖柱基土方	100 m³	25	771.94	19 298.50
	柱基 C15 混凝土垫层	10 m³	20	1 956.60	39 132.00
	柱基 C15 混凝土	10 m³	300	1 956.60	586 980.00
	柱基钢筋制安	t	81.2	3 072.16	249 459.39
	预制 C20 工字柱	10 m³	25	2 449.72	61 243.00
	工字柱钢筋制安	t	35.2	3 163.46	111 353.79
	预制 C20 屋面梁	10 m³	7	3 557.42	24 901.94
	屋面梁钢筋制安	t	14	3 163.46	44 288.44
	工字柱、屋面梁铁件制安	t	2.1	4 746.04	9 966.68
	基价直接费小计				1 146 623.77
	其他直接费(6.56%)				75 218.52
	临时设施费(3%)				34 398.71
	现场管理费(3.65%)				41 851.77
	预算成本合计				1 298 092.77
	企业管理费(7.55%)				98 006.00
	财务费用(1.24%)				16 096.35
	劳动保险费(4.0%)				51 923.71
	费用合计				166 026.06
	计划利润				146 411.88
	税金				56 368.57
	工程结算价格				1 666 899.28
	二、302 合同项目 ⋮				
	基价直接费小计				113 453.12
	其他直接费				7 442.52
	临时设施费				3 403.59
	现场管理费				4 141.04
	预算成本合计 ⋮				128 440.27
	工程结算价格				164 917.31

续表

定额编号	工程名称及费用项目	计量单位	实物工程量	预算单价/元	金额/元
	三、201 合同项目 ⋮				
	基价直接费小计				135 467.00
	其他直接费				8 886.63
	临时设施费				4 064.01
	现场管理费				4 944.55
	预算成本合计 ⋮				153 362.19
	工程结算价格				196 934.56
	四、工程结算收入				2 028 751.15

3）人工、材料、机械台班市场价

由于建筑安装工程计价定额是按人工、材料、机械台班的预算基价计算确定工程的预算价值,因而还应按承、发包双方认定的人工、材料、机械台班价格对原有的预算价值进行调整,将建筑安装工程的定额价调整为市场价,以便办理工程价款的结算。

·8.1.3 工程预算成本计算的方法·

已完（或已结算）工程预算成本是根据"已完工程结算表"所确定的已完工程实物量、分部分项工程预算基价和间接费用标准及人工、材料、机械台班价差等计算的。其计算公式是：

$$\text{已完工程} \atop \text{预算成本} = \sum \left(\text{本月完成的} \atop \text{实物工程量} \times \text{预算} \atop \text{基价} \right) \times \left(\text{取费} \atop \text{基础} \times \text{其他直接费} \atop \text{与间接费率} \right) + \text{人工、材料、} \atop \text{机械台班价差}$$

上述方法计算确定的是已完工程的预算总成本,为了便于成本的分析和考核,还应按成本项目计算分项预算成本。已完工程的分项预算成本根据施工单位的部门分工情况,由预算人员或其他有关人员计算。常用的计算方法有实算法和固定比例法两种。

1）实算法

实算法是指按已完工程实物工程量、分部分项工程预算单价和其他直接费与间接费标准进行计算的方法。

采用这种方法,通常是根据实际完成的实物工程量,逐项查找施工图预算、工程量清单所列示的单价,加以分析计算,求得人工费、材料费和机械使用费的预算成本,然后再按一定的比例求得其他直接费和施工间接费预算成本,从而计算出已完工程分项预算成本及总成本。

2）固定比例法

固定比例法是指根据历史资料测算出各类工程成本中各个成本项目所占的比例,以该比例乘以同类工程的预算总成本,从而计算确定本期已完工程各成本项目的预算成本。

表 8.2　预算成本计算表

发包单位:　　2017 年 12 月

定额编号	工程名称及费用项目	计量单位	实物量	预算单价/元	金额/元	分项预算成本/元								
						人工费		材料费		机械使用费		其他直接费	临时设施费	施工间接费用
						单价	金额	单价	金额	单价	金额			
	一、405 合同项目													
1A0003	人工挖柱基土方	100 m³	25	771.94	19 298.50	771.94	19 298.50							
1E0002	柱基 C15 混凝土垫层	10 m³	20	1 956.60	39 132.00	243.94	4 878.80	1 581.16	31 623.20	131.50	2 630.00			
1E0002	柱基 C15 混凝土	10 m³	300	1 956.60	586 980.00	243.94	73 182.00	1 581.16	474 348.00	131.50	39 450.00			
1E0329	柱基钢筋	t	81.2	3 072.16	249 459.42	114.45	9 293.34	2 913.46	236 516.95	44.94	3 649.13			
1E0183	预制 C20 工字柱	10 m³	25	2 449.72	61 243.00	429.90	10 747.50	1 878.38	46 959.50	141.44	3 536.00			
1E0330	工字柱钢筋	t	35.2	3 163.46	111 353.79	126.66	4 458.43	2 957.64	104 108.93	79.16	2 786.43			
1E0211	预制 C20 屋面梁	10 m³	7	3 557.42	24 901.94	522.87	3 660.09	2 920.83	20 445.81	113.72	796.04			
1E0330	屋面梁钢筋	t	14	3 163.46	44 288.44	126.66	1 773.24	2 957.64	41 406.96	79.16	1 108.24			
1E0335	柱、梁铁件	t	2.1	4 746.04	9 966.68	244.71	513.89	4 280.00	8 988.00	221.33	464.79			
	基价直接费小计				1 146 623.77		127 805.79		964 397.35		54 420.63			
	其他直接费				75 218.52							75 218.52		
	临时设施费				34 398.71								34 398.71	
	现场管理费				41 851.77									41 851.77
	预算成本合计				1 298 092.77		127 805.79		964 397.35		54 420.63	75 218.52	34 398.71	41 851.77
	二、302 合同项目 ……													
	基价直接费小计				113 453.12		11 345.31		96 435.15		5 672.66			
	其他直接费及间接费				14 987.15							7 442.52		7 544.63
	预算成本合计				128 440.27		11 345.31		96 435.15		5 672.66	7 442.52		7 544.63
	三、201 合同项目 ……													
	基价直接费小计				135 467.00		13 546.70		115 252.95		6 667.35			
	其他直接费及间接费				17 895.19							8 886.63		9 008.56
	预算成本合计				153 362.19		13 546.70		115 252.95		6 667.35	8 886.63		9 008.56
	预算成本总计				1 579 895.23		152 697.8		1 176 085.45		66 760.64	91 547.67	34 398.71	58 404.96

【例 8.1】 假设某施工队根据历史资料测算出工业厂房类建筑工程各成本项目占预算总成本的比例分别为:人工费占 11%、材料费占 68%、机械使用费占 6%、其他直接费占5%、间接费用占 10%、该工程队本年度承建的某厂房工程的预算总成本为 650 000 元,则可测算出:

人工费预算成本 = 650 000 元 × 11% = 71 500 元

材料费预算成本 = 650 000 元 × 68% = 442 000 元

机械使用费预算成本 = 650 000 元 × 6% = 39 000 元

其他直接费预算成本 = 650 000 元 × 5% = 32 500 元

施工间接费预算成本 = 650 000 元 × 10% = 65 000 元

已完工程分项预算成本的计算,在实际工作中是通过编制"预算成本计算表"进行的。根据当月的"已完工程结算表"编制的"预算成本计算表"如表 8.2 所示。

8.2 工程实际成本的计算

建筑安装工程实际成本的计算,就是将施工单位在工程施工过程中发生的各项施工生产费用,如支付给建筑安装工人的工资、耗用的各种建筑材料、使用机械设备所发生的机械使用费以及发生的其他费用,根据企业内部有关部门提供的手续完备的凭证资料,通过"工程施工"科目进行汇总,并计算出各成本核算对象当期实际发生的施工费用、已完工程及已竣工工程的实际成本。

工程实际成本的构成,包括人工费、材料费、机械使用费、其他直接费和间接费用 5 项内容。因此,施工单位在工程施工过程中所发生的各项施工生产费用,首先应按确定的工程成本核算对象和规定的成本项目进行归集,能够分清受益对象的费用,应直接计入受益的各工程成本核算对象,不能分清受益对象的费用,则应采用一定的方法分配计入受益的各工程成本核算对象,然后计算出各项工程的实际成本。

· 8.2.1 人工费的核算 ·

1)工程成本中人工费的内容

工程成本中"人工费"项目,是指在施工过程中直接从事工程施工(包括在施工现场直接为工程制作构件)的建筑安装工人和在施工现场运料、配料等辅助工人的工资、奖金、职工福利费、工资性质的津贴和劳动保护费、工会经费、职工教育经费、解除职工合同的补偿费等。

2)人工费计入成本核算对象的方法

人工费分配计入成本核算对象,应当按照人工费的性质和内容区别对待,现分别介绍如下:

①建筑安装工人的计件工资。一般都能分清是哪个工程所发生的,可根据"工程任务单"和有关工资结算凭证直接计入各工程成本核算对象的"人工费"项目。

②建筑安装工人的计时工资。根据用工记录能明确受益对象的,将计时工资直接计入受益成本核算对象的"人工费"项目;如不能明确受益对象的,则按各工程实际耗用工日数(或定额用工数)进行分配,分别计入各受益成本核算对象的"人工费"项目。计时工资分配的计算公式为:

$$\text{某成本核算对象应负担的计时工资} = \text{该成本核算对象实际耗用的工时数} \times \text{日平均计时工资}$$

上式中,日平均计时工资按下式计算:

$$\text{日平均计时工资} = \frac{\text{计时标准工资} + \text{加班工资}}{\text{出勤工日数}}$$

计时工资分配的依据主要是建筑安装工人的施工用工记录。施工用工记录一般附于工程任务单或班组作业计划的背面(或附页),其内容包括施工工人的出勤、缺勤和工时利用等情况,应由劳资管理人员指导班组详细填报。月终对每个成本核算对象和其他用途的实际用工进行分析汇总,编制"施工用工统计表",作为计时工资分配的依据。

③建筑安装工人的工资性津贴。按各成本核算对象的实际(或定额)用工数(计件、计时合计工日数)进行分配,计入各受益对象的"人工费"项目。计算公式为:

$$\text{工资性津贴分配率} = \frac{\text{工资性津贴}}{\text{计时工日数} + \text{计件工日数}}$$

$$\text{某成本核算对象应分配的工资性津贴} = \text{该成本核算对象实际(或定额)工时数} \times \text{工资性津贴分配率}$$

④建筑安装工人包括在工资总额中的各种奖金及其他工资。应按各成本核算对象的实际(或定额)用工数(计件、计时工日合计数)进行分配,计入各成本核算对象"人工费"项目。其计算和分配方法与工资性津贴相同。

⑤建筑安装工人的职工福利费。按照规定的计提比例,随同工资总额一并分配,计入各工程成本核算对象的"人工费"成本项目。

⑥建筑安装工人的劳动保护费。劳动保护费包括发放给职工个人的劳动保护用品以及对工人提供的保健用的解毒剂、营养品、防暑饮料、洗涤用肥皂等的购置费或补助费,应按各成本核算对象的实际(或定额)用工数(计件、计时工日合计数)进行分配,计入各成本核算对象的"人工费"项目。其计算与分配方法与工资性津贴相同。

在人工费成本核算中,应严格区分人工费的范围,一切非工程施工所发生的人工费,如施工生产工人从事施工现场临时设施搭设、现场材料整理、运输和加工等发生的人工费,不得计入"工程施工"的"人工费"项目。

⑦建筑安装工人的工会经费和职工教育经费。

⑧给予解除合同职工的补偿等。

3)人工费分配表的编制

在实际工作中,施工单位应根据"工资结算汇总表"和"工时利用月报"等资料,编制"人工费分配表"进行人工费的分配。某施工单位根据施工用工记录、日平均工资或分配率等资料编制的"人工费分配表"示例如表8.3所示。

表 8.3　人工费分配表

2017 年 12 月

项　目	工日数	日平均工资或分配率	405 合同项目		302 合同项目		201 合同项目		合　计
			工　日	金　额	工　日	金　额	工　日	金　额	
一、工资				98 400		9 568		7 732	115 700
1.计件工资	6 000		5 000	52 000	600	4 000	400	2 100	58 100
2.计时工资	5 000	8.00	4 000	32 000	480	3 840	520	4 160	40 000
3.津贴	11 000	0.50	9 000	4 500	1 080	540	920	460	5 500
4.奖金	11 000	0.50	9 000	4 500	1 080	540	920	460	5 500
5.其他工资	11 000	0.60	9 000	5 400	1 080	648	920	552	6 600
二、职工福利费				13 776		1 340		1 082	16 198
三、劳动保护费	11 000	2.00	9 000	18 000	1 080	2 160	920	1 840	22 000
⋮	⋮	⋮	⋮	⋮	⋮	⋮	⋮	⋮	
合　计				166 540					166 540

根据上述分配表,即可在"建筑安装工程成本明细账"和"建筑安装工程成本卡"的"人工费"项目栏中登记其人工费。

·8.2.2　材料费的核算·

1)工程成本中材料费的内容

工程成本中的"材料费",是指在施工过程中耗用的构成工程实体或有助于形成工程实体的各种主要材料、辅助材料、结构件、零件、半成品的成本以及周转材料的摊销费和租赁费用等。

材料费在工程全部成本中占有较大的比例,因此,认真作好材料费的核算,加强材料使用管理,监督材料费用的支出,对于控制材料消耗,不断降低工程成本,具有非常重要的作用。

2)材料费计入成本核算对象的方法

建筑安装工程施工耗用的材料品种较多,数量较大,领用也比较频繁,因此,施工单位在核算工程成本中的材料费用时,应区别不同材料,根据不同情况,采取不同的方法进行归集和分配。具体的计算方法见第 4 章。

3)材料费分配表的编制

月末时,施工单位应根据领料单、定额领料单、大堆材料耗用计算单、集中配料耗用计算单、周转材料使用费汇总分配表、退料单等原始单据,编制"材料费分配表",用于确定当月各成本核算对象所发生的材料费,作为工程成本计算和成本账卡登记的依据。

按计划成本进行材料日常核算的企业,还应按月根据当月的材料成本差异率分配材料成本差异,将耗用材料的计划成本调整为实际成本。为了加快月结工作,材料成本差异的分配,也可以按上月的材料成本差异率计算。"材料费分配表"示例如表 8.4 所示。

表 8.4 材料费分配表

2017 年 12 月

材料名称	计量单位	405 合同项目		302 合同项目		201 合同项目		合计金额
		数量	金额	数量	金额	数量	金额	
一、主要材料								
1. 钢材	t	90	270 000	3	9 000			279 000
2. 水泥	t	720	144 000	60	12 000	35	7 000	163 000
3. 石灰	t			17	1 700	21	2 100	3 800
⋮								⋮
10. 小计			920 900		86 400		92 700	1 100 000
11. 成本差异			12 500		1 100		1 260	14 860
二、结构件								
1. 混凝土结构件	m³					51	28 560	28 560
2. 成本差异								
三、其他材料								
1. 金额			13 000		1 500		1 300	15 800
2. 成本差异			390		45		39	474
四、(一~三合计)								
1. 金额			933 900		87 900		122 560	1 144 360
2. 成本差异			12 890		1 145		1 299	15 334
五、周转材料			34 000		1 200		8 000	43 200
1. 自有周转材料			30 000		1 200		4 000	35 200
架料					1 200		4 000	5 200
模板			30 000					30 000
2. 租入周转材料			4 000				4 000	8 000
架料							4 000	4 000
模板			4 000					4 000
六、总计			980 790		90 245		131 859	1 202 894

4)已领未用材料的核算

已领未用材料是指已开领料单领出但未耗用的材料。为了正确反映工程实际成本的发生数,便于成本的分析和考核,月末时应对现场材料进行盘点,计算已领未用的材料,并按工程成本核算对象分别确定其未用材料价值,编制"已领未用材料盘点单",据以办理"假退料"手续,冲减当期工程成本的"材料费",并计入下期工程成本的"材料费"中作为已完工程实际成本计算的依据。"已领未用材料盘点单"的格式如表 8.5 所示。

表 8.5 已领未用材料盘点单

工程名称:405 合同项目　　　　　　　2017 年 12 月

材料名称	规格	计量单位	期末盘点数	单价	金额
钢材	12	t	2	1 700	3 400
水泥	400 号	t	6	160	960
砖	标砖	匹	10 000	0.12	1 200
合计					5 560

·8.2.3 机械使用费的核算·

1)工程成本中机械使用费的内容

工程成本中的"机械使用费",是指在工程施工过程中使用自有施工机械所发生的机械使用费和租用外单位施工机械所支付的租赁费,以及施工机械的安装、拆卸和进出场费等。随着工程机械化施工程度的不断提高,机械使用费在工程成本中的比重也日益增长。因此,加强施工机械的管理和核算,对于提高施工机械的利用率,加速施工进度,节约劳动力和降低工程成本都有着重要的意义。

2)机械使用费计入工程成本的方法

(1)租用外单位(包括内部独立核算机械作业单位)的施工机械

施工单位从外单位或本企业其他内部独立核算的机械站租入施工机械所支付的租赁费,一般可以根据"机械租赁结算账单"所列金额,直接计入有关工程成本核算对象的"机械使用费"成本项目。如果发生的施工机械租赁费应由两个或两个以上工程成本核算对象共同负担时,应以定额使用量或实际使用的台班数等为标准,分配计入各成本核算对象的机械使用费中。租赁机械使用费一般通过编制"租赁机械使用费汇总分配表"进行计算和分配。

【例8.2】 某施工单位根据某机械设备租赁公司转来的有关结算凭证编制的"租赁机械使用费汇总分配表"如表8.6所示。

表8.6 租赁机械使用费汇总分配表

2017 年 12 月

受益对象	起重机		汽车		吊车		合计金额
	单价	600	单价	440	单价	400	
	台班	金额	台班	金额	台班	金额	
405 合同项目	10	6 000					6 000
201 合同项目			5	2 200	8	3 200	5 400
合 计	10	6 000	5	2 200	8	3 200	11 400

根据机械租赁费结算凭证和上述分配表,即可作如下会计分录,并据以在工程成本明细账中机械使用费项目进行登记:

借:工程施工——405 合同成本　　　　　　　　　　6 000

　　　　　——201 合同成本　　　　　　　　　　5 400

贷:银行存款——机械设备租赁公司　　　　　　　　　11 400

(2)使用本单位自有施工机械和运输设备

使用自有施工机械和运输设备时,其作业成本先通过"机械作业"账户归集,月终再按一定的方法分配计入受益成本核算对象的机械使用费项目中。其中,大、中型机械设备,可按单机或机组归集,计算台班实际成本,然后根据机械运转记录及机械使用月报所示的工程名称、使用台班和台班实际成本分配计入各受益成本核算对象,也可采用产量分配法或计划成本分配法进行分配;现场使用的小型机械设备(机械台班定额不包括的),其作业成本可在"机械作业"账户设置一个明细账户综合核算,月终按机械设备具体使用情况或工程机械费预算成本或工程工料实际成本等为分配标准,分配计入各受益成本核算对象的机械使用费项目中。在实际工作中,自有机械使用费的分配是通过编制"自有机械使用费分配表"进行的,其格式如表8.7所示。

表8.7 自有机械使用费分配表
2017 年 12 月

受益对象	翻斗车		搅拌机		卷扬机		小型机械		合计金额
	单 价	50	单 价	30	单 价	40	分配率	10%	
	台 班	金 额	台 班	金 额	台 班	金 额	标 准	金 额	
405 合同项目	50	2 500	150	4 500			9 500	950	7 950
302 合同项目	5	250	10	300	15	600	1 200	120	1 270
201 合同项目	4	200	5	150	10	400	900	90	840
合 计	59	2 950	165	4 950	25	1 000	11 600	1 160	10 060

(3)按照规定支付的施工机械安装、拆卸和进出场费

施工机械安装、拆卸和进出场费应先通过"待摊费用"账户归集,然后根据实际情况,摊销计入或一次计入受益成本核算对象的机械使用费项目。为了使实际成本与预算成本对应,在摊销时应注意以下几点:

①凡预算定额内包括该项费用,可从"待摊费用"账户分次摊入受益成本核算对象。

②凡预算定额内未包括该项费用,按定额规定单独计算的,应于收到该项费用时,从"待摊费用"账户转入受益成本核算对象。

【例8.3】 某施工单位承包的工程项目施工机械进出场费等已包括在预算定额之中,按受益期限本月应摊销的金额:施工机械安装及拆卸费594元,进出场费990元。根据各工程机械使用费预算成本的比例分配结果如表8.8所示。

表8.8 施工机械进出场费分配表
2017 年 12 月

受益对象	安装及拆卸费			进出场费			合计金额
	分配基础	分配率	分配额	分配基础	分配率	分配额	
405 合同项目	8 000		480	8 000		800	1 280
302 合同项目	1 000		60	1 000		100	160
201 合同项目	900		54	900		90	144
合 计	9 900	6%	594	9 900	10%	990	1 584

根据上述分配结果,可编制如下会计分录:

借:工程施工——405 合同成本   1 280

——302 合同成本	160
——201 合同成本	144
贷:待摊费用——施工机械安装及拆卸费	594
——施工机械进出场费	990

· 8.2.4　其他直接费的核算 ·

1)工程成本中其他直接费的内容

工程成本中其他直接费,是指在施工现场直接发生的,但不能计入人工费、材料费和机械使用费的其他直接施工耗费。主要包括:

①冬雨季施工增加费。

②夜间施工增加费。

③材料、成品、半成品的二次或多次搬运费。

④检验试验费。

⑤生产工具用具使用费。

⑥特殊工种培训费。

⑦工程定位复测、工程点交和场地清理费。

⑧工程预算包干费。

⑨技术援助费。

2)其他直接费计入工程成本的方法

施工单位在工程施工过程中所发生的各项其他直接费,凡是能够分清受益工程成本核算对象的,应直接计入各受益工程成本对象的成本。

其他直接费用发生时不能直接确定受益工程成本核算对象的,应先通过"工程施工——其他直接费"明细账户核算,期末时根据具体情况,采用以下方法进行分配:

(1)生产工日分配法

生产工日分配法是指以生产工日为基础分配其他直接费的一种方法。计算公式为:

$$\text{其他直接费分配率} = \frac{\text{其他直接费发生额}}{\text{各成本核算对象生产工日数之和}} \times 100\%$$

$$\text{某成本核算对象应分配的其他直接费} = \text{该成本核算对象生产工日数} \times \text{其他直接费分配率}$$

这种方法一般适用于其他直接费发生的大小与生产工日的多少成正比例项目的分配,如生产工具使用费、特殊工种培训费等。

(2)工料成本分配法

工料成本分配法是指以各成本核算对象已发生并登记在工程成本明细账中的人工费、材料费合计金额为基础分配其他直接费的一种方法。计算公式为:

$$\text{其他直接费分配率} = \frac{\text{其他直接费发生额}}{\text{各成本核算对象工料成本之和}} \times 100\%$$

$$\text{某成本核算对象应分配的其他直接费} = \text{该成本核算对象工料费} \times \text{其他直接费分配率}$$

这种方法适用于与各成本核算对象生产的工日关系不大的其他直接费的分配,如材料等二次搬运费、检验试验费、工程定位复测、工程交点和场地清理费等。

（3）其他直接费预算成本分配法

预算成本分配法是指以其他直接费的预算成本或其他直接费的单项预算成本为基础分配其他直接费的一种方法。计算公式为：

$$其他直接费分配率 = \frac{其他直接费发生额}{各成本核算对象其他直接费预算成本之和} \times 100\%$$

$$某成本核算对象 \atop 应分配的其他直接费 = {该成本核算对象 \atop 其他直接费预算成本} \times 其他直接费分配率$$

这种方法适用于与生产工日和工料成本关系不大的其他直接费项目的分配，如冬雨季施工增加费、夜间施工增加费等。

其他直接费的分配，应通过编制"其他直接费分配表"进行。

【例8.4】 假设某施工单位本月发生的冬雨季施工增加费4 000元，按其他直接费预算成本分配；生产工具、用具使用费11 000元，按生产工人工日分配；检验试验费3 200元、二次搬运费1 000元、场地清理费1 600元，按工料成本分配。根据上述资料编制的"其他直接费分配表"如表8.9所示。

表8.9 其他直接费分配表

2017年12月

费用项目	分配率/%	405合同项目		302合同项目		201合同项目		合 计	
		分配基础	分配金额	分配基础	分配金额	分配基础	分配金额	分配基础	分配金额
1.冬雨季增加费	3.7	75 219	2 783	14 978	554	17 895	663	108 092	4 000
2.工具用具费	100	9 000	9 000	1 080	1 080	920	920	11 000	11 000
3.检验试验费	0.2	1 110 966	2 222	103 313	207	142 513	771	1 356 792	3 200
4.二次搬运费	0.07	（下同）	778	（下同）	72	（下同）	150	（下同）	1 000
5.场地清理费	0.1		1 111		103		386		1 600
合 计			15 894		2 016		2 890		20 800

·8.2.5 施工间接费分配的核算·

施工单位各月发生的施工间接费用，通过"施工间接费用"账户归集后，月终时应在各成本核算对象之间进行分配。为了便于实际成本与预算成本相比较，施工间接费用在成本核算对象之间进行分配的方法，一般应与工程预算取费标准相一致。如建筑工程、市政工程、机械施工的大型土石方工程，以直接成本为基础进行分配；一般机械及电气设备安装工程、装饰工程、人工施工的大型土石方工程，以人工费成本为基础进行分配。

现以工程直接成本比例分配法为例，说明施工间接费用的分配方法。

【例8.5】 设某施工单位本月发生的施工间接费用为8 405元，各工程实际发生的直接费用见有关分配表，据以编制"施工间接费分配表"如表8.10所示。

表 8.10　施工间接费分配表
2017 年 12 月

受益对象	分配基础	分配率	分配额
405 合同项目	1 142 090	81.54%	6 853
302 合同项目	106 759	7.62%	641
201 合同项目	151 787	10.84%	911
合　计			8 405

　　通过以上各成本项目的计算和分配,即可根据各成本项目的费用分配表,将施工单位在一定会计期间所发生的全部施工费用及各成本核算对象的实际成本,在建筑安装工程成本明细账和建筑安装工程成本卡的有关成本项目栏进行登记。

8.3　工程成本的明细分类核算

　　为了便于组织建筑安装工程成本的核算,会计部门在接到施工单位的"开工报告"后,就要为各单项工程、单位工程或同类工程设置建筑安装工程成本明细账。工程成本明细账一般分设"建筑安装工程成本明细账"(二级账)和"建筑安装工程成本卡"(三级账),用以完整、准确、及时地记录全部或某项建筑安装工程在施工过程中发生的各项施工费用,全面反映承包工程施工过程中物化劳动和活劳动的消耗。同时,不论各工程施工期限的长短,都需等到工程竣工,将各项发生或应摊费用全部记入后,工程成本明细分类账的记录方为完整。

·8.3.1　工程成本明细账·

　　"建筑安装工程成本明细账"按建筑安装工程和设备安装工程分别设置二级账,用来登记施工单位全部建筑工程及设备安装工程,自年初起的施工工程成本数和按期计算确认的已完工程实际成本数,为考核和分析各期及全年全部工程成本的节超提供依据。该明细账应按成本项目设置专栏,其格式如表 8.11 所示。

·8.3.2　工程成本卡及附页·

　　"建筑安装工程成本卡"按成本核算对象分成本项目开设,用来归集每一成本核算对象自开工到竣工所发生的全部施工费用。为了满足竣工成本决算的要求,以及工程竣工后成本分析的需要,"建筑安装工程成本卡"还应设置附页,其内容是人工、机械和材料消耗数量的计算和汇总。"建筑安装工程成本卡"及"附页"的格式如表 8.12、表 8.13 所示。

明细账户：建筑工程

表 8.11　建筑安装工程成本明细账

单位：元

2017 年		凭证号	摘要	直接费用				间接费用	工程成本合计	工程结算收入	其中：预算成本
月	日			人工费	材料费	机械使用费	其他直接费				
11	30		期初未完工程成本								
11	30		期初已领未用材料								
12	31		人工费分配	153 898					153 898		
12	31		材料费分配		1 202 894				1 202 894		
12	31		租赁机械费分配			11 400			11 400		
12	31		自有机械费分配			10 600			10 600		
12	31		机械进出场费分配			1 684			1 684		
12	31		其他直接费分配				20 800		20 800		
12	31		间接费用分配					8 405	8 405		
12	31		本期工程成本合计	153 898	1 202 894	23 684	20 800	8 405	1 409 681		
12	31		减：期末未完工程成本	5 803	12 430	100	382				
12	31		期末已领未用材料		5 560				5 560		
12	31		本期已完工程成本	148 095	1 184 904	23 584	20 418	8 405		2 028 751.15	1 579 895.23
12	31		自年初累计已完工程成本	1 325 087	12 286 120	102 000	32 116	85 463		20 325 412.3	14 658 329.2

表 8.12　建筑安装工程成本卡

核算对象编号:405 合同项目　　　　　　　　　　　　　本核算对象包括工程:

核算对象名称:办公楼　　　　合同预算造价:　　　　　建筑面积或实物工程量:

记账凭证			摘　要	工程实际成本						工程价款收入	其中:预算成本
年	月	日		人工费	材料费	机械使用费	其他直接费	间接费用	合　计		
			自开工累计								
			人工费分配	130 176					130 176		
			材料费分配		980 790				980 790		
			租赁机械费分配			6 000			6 000		
			自有机械费分配			7 950			7 950		
			机械进出场费分配			1 280			1 280		
			其他直接费分配				15 894		15 894		
			直接成本小计	130 176	980 790	15 230	15 894		1 142 090		
			间接费分配					6 853	6 853		
			本月合计	130 176	980 790	15 230	15 894	6 853	1 148 943	1 666 899.28	1 298 092.77
			自开工累计	130 176	980 790	15 230	15 894	6 853	1 148 943	1 666 899.28	1 298 092.77

表 8.13　建筑安装工程成本卡(附页)

项　目	年												合计
	12 月	月	月	月	月	月	月	月	月	月	月	月	
一、人工(工日)	9 000												9 000
二、机械(台班)													
1.汽车	50												50
2.翻斗车	150												150
3.混凝土搅拌机	10												10
4.起重机 ⋮													
三、材料													
1.钢材(t)	90												90
2.水泥(t)	720												720
3.石灰(t)													
4.砖(块)													
5.砂(t)													
6.碎石(t)													
7.块石(m³)													
8.混凝土构件(m³) ⋮													

工程成本明细账(二级账)和工程成本卡(三级账)中各成本项目的实际成本栏,登记全部承包工程及各工程每月发生和分配的各项施工费用,根据各成本项目的费用分配表所列示的数据登记。工程成本卡附页中人工、机械和材料用量,根据有关的费用分配表中列示的人工用工数、工程使用主要机械台班数和重点核算的主要材料用量填列。

"建筑安装工程成本明细账"与"建筑安装工程成本卡"的登记,原则上应根据有关记账凭证同时平行登记,即在登记"建筑安装工程成本明细账"的同时,也要登记"建筑安装工程成本卡"。属于调账性质的经济业务,如月终办理假退料的已领未用材料,可只登记"建筑安装工程成本明细账"而不登记"建筑安装工程成本卡"。

8.4 工程成本结算与决算

施工企业对建筑安装工程成本应按期进行结算,以反映各期工程成本的节超情况,便于考核各个时期施工生产的经济效益。承包工程竣工以后,还应及时办理竣工成本决算,以反映承包工程在整个施工过程中的经济效果,借以总结工程施工管理经验,促使企业经营管理水平的不断提高。为此,工程成本结算与决算应完成以下任务:正确计算各会计期已完工程预算成本与实际成本,以反映成本的节超情况;承包工程竣工以后,及时办理工程竣工成本决算,以反映该工程的施工管理情况。

·8.4.1 工程成本结算·

1)工程成本结算及其意义

工程结算是指按工程进度、施工合同、施工监理情况办理的工程价款结算,以及根据工程实施过程中发生的超出施工合同范围的工程变更情况,调整施工图预算价格,确定工程项目最终结算价格。通过工程成本结算,计算和确认各个会计期间的已完工程预算成本和实际成本,以及成本的节超情况,从而为考核工程成本任务的完成情况提供依据。

施工企业之所以要办理工程成本结算,主要是由于建筑安装工程的施工具有长期性的特点,如果等到承包工程竣工后再办理成本结算,就不能及时反映各个时期工程成本的节超情况和降低成本情况。所以,必须定期办理工程成本的结算,计算各个时期的已完工程预算成本、实际成本与成本降低额,以反映各个时期成本计划的完成情况,并查明人工费、材料费、机械使用费、其他直接费和施工间接费的节超情况和节超的原因,促使施工单位不断改进管理工作,保证工程成本的降低。

2)工程成本结算的程序

(1)计算已完工程预算成本

已完工程预算成本是指按照已完工程量与预算单价计算的工程成本,它是考核已完工程成本节超的依据。

(2)计算已完工程实际成本

为了便于与已完工程预算成本对比,还应计算已完工程实际成本。

由于通过前述各成本项目的归集和分配,登记在工程成本明细账借方的发生额并非为本月已完工程的成本,而是本月发生的施工费用,所以要计算本月已完工程成本,应将本月发生的施工费用加期初未完工程成本,然后在本期施工的全部工程(已完工程和未完工程)之间进行分配,以求得本月已完工程的实际成本。其关系可用下式表示:

$$\frac{月初未完}{工程成本} + \frac{本月发生}{工程费用} = \frac{本月已完}{工程成本} + \frac{月末未完}{工程成本}$$

在上述公式中,月初未完工程成本和本月施工费用发生额都可以从工程成本明细账(卡)中查得,所以只要计算出月末未完工程成本,就可据以计算本月已完工程实际成本。

(3)计算工程成本的节超额

通过上述计算,将已完工程预算成本与实际成本相对比,就可以计算和确认各个时期的工程成本的节超额,从而为工程成本的分析和考核提供依据。

3)已完工程实际成本的计算

已完工程实际成本的计算方法一般应根据工程价款的结算方式来进行确定。

(1)实行竣工后一次结算工程价款办法的工程实际成本的计算

实行竣工后一次结算工程价款办法的工程,施工企业所属各施工单位平时应按月将该工程实际发生的各项施工费用,及时登记到"工程成本卡"的有关栏内。在工程竣工以前,"工程成本卡"中所归集的自开工起至本月末止施工费用累计额,即为该项工程的未完工程(或在建工程)的实际成本。工程完工后,"工程成本卡"中所归集的自开工起至竣工止施工费用累计总额,就是竣工(或已完工)工程的实际成本。

(2)实行按月结算工程价款办法的已完工程成本的计算

前已述及,要计算已完工工程成本,应先计算出未完工程成本。施工企业可根据实际情况合理选择未完工程成本的计算方法。一般情况下,月末未完施工在当月完成的全部工作量中所占的比重较小,而且在正常施工条件下,月初、月末未完施工的数量变化也不大。因此,为了简化核算手续,通常将月末未完工程的预算成本视同其实际成本。未完工程的预算成本计算方法一般有如下3种:

• 估量法　估量法又称约当产量法,是指对未完工程工程量,估计其完成程度,折合为已完工程数量(约当产量),然后乘以分部分项工程的预算单价即可求出未完工程成本。其计算公式为:

$$\frac{未完工}{程成本} = \frac{未完工程}{工程数量} \times \frac{估计完}{成程度} \times \frac{分部分项工}{程预算单价}$$

【例8.6】　某施工单位担负某工程木门窗油漆工程施工任务,预算定额规定应抹3遍,本月已抹2遍,已完工序数量为600 m²,预算单价为10.2元。则未完工程成本计算如下:

未完工程成本 = 600 m² × 2/3 × 10.2 元/m² = 4 080 元

• 估价法　估价法是指先确定分部分项工程内各个工序耗用的直接费占整个预算单价的百分比,用以计算出每个工序的单价,然后乘以未完工程各工序的完成量,以确定未完工程的预算成本。其计算公式为:

$$未完工程成本 = \sum (未完工序工程量 \times 工序单价)$$

$$工序单价 = \frac{分部分项}{工程预算单价} \times \frac{某工序耗用直接费}{占预算单价的百分比}$$

【例8.7】　某施工单位承包某项工程,该工程某分部分项工程是由甲、乙两道工序组成,各工序占该分部分项工程的比重分别为 60%、40%，该分部分项工程的预算单价为 12 元；本月月末经盘点，完成甲工序 400 m²、乙工序 600 m²。则未完工程成本计算如下：

甲工序单价 = 12 元/m² × 60% = 7.2 元/m²

乙工序单价 = 12/m² × 40% = 4.8 元/m²

未完工程成本 = 400 m² × 7.2 元/m² + 600 m² × 4.8 元/m² = 5 760 元

●直接法　直接法是指直接根据未完工程已经投入的人工、材料和机械设备台班数量分别乘以预算单价，来计算未完工程成本。其计算公式为：

$$\begin{array}{l}未完工\\程成本\end{array} = \begin{array}{l}投入人\\工数量\end{array} × \begin{array}{l}人工预\\算单价\end{array} + \begin{array}{l}投入材\\料数量\end{array} × \begin{array}{l}材料预\\算单价\end{array} + \begin{array}{l}投入机\\械台班\end{array} × \begin{array}{l}机械台班\\预算单价\end{array}$$

应注意：如果未完工程在当月工作量中所占比重较大，而且期初期末数相差较大，若把月末未完程的预算成本视同实际成本，就会影响成本核算结果的准确性。为了合理确定已完工程实际成本，未完工程成本还是应当采用实际成本进行计算。其计算方法有以下两种：

●约当产量法　凡能合理估计分部分项工程的完工百分比的采用此种方法。其计算公式为：

$$\begin{array}{l}未完工\\程成本\end{array} = \frac{期初未完工程成本 + 本期实际发生施工费用}{本期已完工程数量 + 期末未完工程折合量} × \begin{array}{l}期末未完工\\程约当产量\end{array}$$

【例8.8】　某分部分项工程由甲、乙、丙三道工序组成，各道工序占该分部分项工程的比例分别为 60%、10%、30%；月末经过盘点，已完工程数量 400 m²，未完工程数量为：甲工序 500 m²、乙工序 200 m²、丙工序 100 m²；本月该分部分项工程实际发生的施工成本 10 000 元，月初无未完工程。根据上述资料，可计算如下：

$$\begin{array}{l}未完工\\程成本\end{array} = [\ 10\ 000\ 元/(400\ m² + 500\ m² × 60\% + 200\ m² × 10\% + 100\ m² × 30\%)\ ] × 350\ m²$$

$$= 4\ 667\ 元$$

●预算成本比例法　如果不能合理估计分部分项工程的完工百分比，则应采用预算成本比例法计算未完工程成本。计算公式如下：

$$\begin{array}{l}本月未完工\\程实际成本\end{array} = \frac{月初未完工程成本 + 本月发生的施工费用}{本月已完工程预算成本 + 月末未完工程预算成本} × 本月未完工程预算成本$$

(3)实行按形象进度结算办法的已完工程实际成本的计算

实行按工程形象进度分段结算工程价款办法的工程，其已完工程实际成本的计算方法，与实行按月结算工程价款办法的工程实际成本的计算方法基本相同。所不同的是，其已完工程是指按合同规定已完成的工程阶段或部位，未完工程是指期末尚未完成合同规定的工程阶段或部位，尚不能办理结算的未完工阶段或部位的工程(其中包括已完工的分部分项工程和未完工的分部分项工程)。

未完工程成本的计算方法一经确定，就不能随意变动，以保证各期成本计算口径的统一，便于进行成本的分析。

期末未完工程的盘点和估价，一般应由基层施工单位于期末时进行实地盘点，并编制"未完工程盘点表"，然后移交给会计人员，作为未完工程成本计算的依据。其盘点表示例如表 8.14 所示。

根据"未完工程盘点表"可据以登记"建筑安装工程成本明细账"(二级账)。

（4）已完工程实际成本的计算

期末未完工程成本确定以后，即可根据下式计算确定本期已完工程实际成本：

$$\text{已完工程实际成本} = \text{期初未完工程成本} + \text{本期实际发生工程成本} - \text{期末未完工程成本}$$

从上式可以看出，本期已完工程成本包括期初未完工程成本，但不包括期末未完工程成本；本期工程成本包括期末未完工程成本，但不包括期初未完工程成本。它们之间的关系如图8.1所示。

表8.14 未完工程盘点表
2017 年 12 月

单位工程名称	分部分项工程		到期末已做工序				其中：分项成本			
	名称	预算单价	名称或内容	占分项工程/%	已完成数量	折合已完工程数量	应计价值	人工费	材料费	机械使用费	其他直接费
201 合同项目	砖墙抹灰砂浆	0.97	抹灰一遍	50	37 800	18 900	18 333	5 803	12 430	100	
小　计							18 333	5 803	12 430	100	
其他直接费							382				382
合　计							18 715	5 803	12 430	100	382

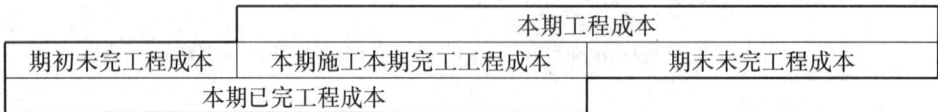

	本期工程成本		
期初未完工程成本	本期施工本期完工工程成本	期末未完工程成本
本期已完工程成本		

图8.1 工程成本关系图

如果存在着已领未用材料的情况，已完工程实际成本应按下式计算：

$$\text{本期已完工程实际成本} = \text{期初未完工程成本} + \text{期初已领未用材料} + \text{本期实际发生工程成本} - \text{期末未完工程成本} - \text{期末已领未用材料}$$

通过上述月末未完工程成本和已领未用材料成本的计算，就可以计算本月已完工程的实际成本。

已完工程实际成本的计算，一般应编制"已完工程成本计算表"，示例如表8.15所示。

表8.15 已完工程成本计算表
2017 年 12 月

工程名称	期初未完工程成本	期初已领未用材料	本期工程实际成本	期末未完工程成本	期末已领未用材料	本期已完工程成本
甲	1	2	3	4	5	6 = 1 + 2 + 3 - 4 - 5
405 合同项目			1 148 943		5 560	1 143 383
302 合同项目			107 400			107 400
201 合同项目			152 698	18 715		133 983
合　计			1 409 041	18 715	5 560	1 384 766

根据上述"已完工程成本计算表",即可据以登记"建筑安装工程成本明细账"。

·8.4.2　工程成本决算·

1)工程成本决算的意义

工程成本决算是指施工企业承包建设的合同项目竣工以后,本着"工完账清"的原则,在取得竣工单位工程的验收签证后,及时编制合同项目成本决算表,为分析考核竣工工程成本节超提供依据,从而结束该工程成本的核算工作。

通过办理工程成本决算,可以了解各个合同项目在整个施工活动过程中的状况和结果,及时总结工程的施工管理经验,找出存在的问题,从而促使施工单位改进施工和管理工作,努力降低工程成本,不断提高企业的经济效益。

2)办理工程成本决算应做好的几项工作

为了正确反映竣工的合同项目施工活动的情况,在办理工程成本决算时,应做好以下几项工作:

(1)检查工程预算造价是否正确完整

根据竣工的合同项目实际完成的工程量和有关记录,检查工程预算有无漏项和计算上的错误;检查工程设计变更、材料代用、材料价差等施工变化情况,是否与发包单位按照施工合同的规定办理签证手续和追加预算手续,以落实预算成本和工程造价。

(2)检查工程实际成本是否正确完整

在计算竣工的合同项目成本时,必须保证其正确完整。为此,要检查工程完工后现场剩余材料是否已办理清点退库或在工号之间的转移手续;检查发包单位的供料、供水和供电等是否已全部入账;检查有无将不应计入成本的开支也计入工程成本的情况等。

3)工程成本决算的方法和程序

工程成本决算的方法和程序如下:

①合同项目竣工后,应根据施工图预算和工程设计变更、材料代用等有关签证资料,及时编制工程结算书,据以确定竣工的合同项目预算成本,作为向发包单位办理工程价款结算的依据。

②结算建筑安装工程成本卡,归集竣工的合同项目自开工至竣工的累计实际成本,与预算成本相比较,计算成本降低额,并编制"合同项目竣工成本决算"表。

③竣工的合同项目成本卡应于竣工当月抽出,连同工程结算书、竣工成本决算和有关的分析资料合并归档保管,建立工程技术档案,以便日后查考。

4)竣工成本决算表的编制

假设某施工单位承包的某建设单位办公楼工程竣工,根据有关资料编制的"竣工成本决算"示例如表 8.16 所示,"工、料、机械的用量比较表"示例如表 8.17 所示。

上述"竣工成本决算""工、料、机械的用量比较表"的编制方法为:

①"预算成本"栏内各项数字,根据工程结算书或调整后的施工图预算分别填列。

②"实际成本"栏内各项数字,根据建筑安装工程成本卡的记录填列。

③"工、料和机械用量比较表"中的用量,哪项用了就填哪项,以供分析参考。"实际用量"栏根据建筑安装工程成本卡(附页)的有关记录填列。节、超数 = 预算用量 − 实际用量。

表 8.16 竣工成本决算

发包单位:某建设单位

工程名称:车间厂房 　　　　　　　　　　　　　　建筑面积:5 000 m²

工程结构:混合 　　　　　　　　　　　　　　　　工程造价:1 192 500 元

开工日期:3 月 5 号 　　　　　　　　　　　　　　竣工日期:12 月 15 日

2017 年 12 月 　　　　　　　　　　　　　　　　　　　　单位:元

成本项目	预算成本	实际成本	降低额	降低率/%	简要分析及说明
人工费	435 600	360 000	75 600	17.36	预算总造价:4 105 383
材料费	2 368 000	2 196 000	172 000	7.26	单方造价:821.08
机械使用费	220 400	228 000	−7 600	−3.45	单方预算成本:695.52
其他直接费	151 200	156 000	−4 800	−3.17	单方实际成本:653.60
间接费用	302 400	328 000	−25 600	−8.47	
合　计	3 477 600	3 268 000	209 600	6.03	

表 8.17 工、料、机械的用量比较表

项　　目	单　位	预算用量	定额用量	实际用量	节(+)超(−)	节超率/%
一、人工合计	工日	15 000		13 500	1 500	10
二、材料						
钢材	t	50		46.5	+3.5	7
木材	m³	35		32	+3	8.57
水泥	t	520		500	+20	3.85
红机砖	千块	2 650		2 642	+8	0.3
黄沙	t	1 820		1 850	−30	−1.65
碎石	t	300		283.8	+16.2	5.4
⋮						
三、机械						
大型	台班	300		288	+12	4
中小型	台班	800		920	−120	−15

小结 8

　　工程成本核算是施工企业成本管理的一个极其重要的环节。认真做好成本核算工作,对加强成本管理,促进增产节约,发展企业生产都有着重要的意义。

　　为了完整、准确、及时地记录在施工过程中发生的各项施工费用,应设置工程成本明细账(二级)和工程成本卡(三级)。

　　工程预算成本是根据已完(或已结算)工程的工程数量和预算单价计算的成本,它的计算依据是已完工程结算表,建筑安装工程计价定额(基价表)和人工、材料、机械台班市场价,计算方法有两种:①实算法是按已完工程实物工程量、分部分项工程预算单价和其他直接费与间接费标准计算;②固定比例法是按各类工程预算成本的分项比例进行计算。

　　工程实际成本的核算包括人工费、材料费、机械使用费、其他直接费和施工间接费的核算,

分别采用不同的方法进行归集和分配。

工程成本结算通过计算各会计期已完工程的预算成本、实际成本及它们之间的差额,来反映成本的节超情况。工程成本决算是在工程竣工以后通过计算竣工工程的预算成本、实际成本及它们之间的差额,来反映竣工工程的节超情况。

复习思考题 8

8.1　核算工程成本需要设置哪些账、卡?账、卡之间的关系如何?

8.2　什么是已完工程和未完工程?如何计算已完工程的预算成本?

8.3　试说明人工费、材料费、机械使用费、其他直接费和施工间接费用分配计入成本核算对象的方法。

8.4　工程成本结算和决算的意义是什么?

8.5　练习人工费的核算。

1)资料:某施工单位 2017 年 8 月份人工费核算资料如下:

(1)根据"工资分配表"应付工资如下:

①计件工资 80 000 元,其中:201 合同项目 36 000 元、203 合同项目 30 000 元、403 合同项目 14 000 元。

②计时工资 32 000 元。

③工资性津贴 15 600 元。

④奖金 24 960 元。

⑤按规定标准计提职工福利费。

⑥支付劳动保护费 10 920 元。

(2)施工用工资料如下表:

工程项目	计件工日	计时工日
201 合同项目	2 200	1 600
203 合同项目	1 400	900
403 合同项目	1 000	700

2)要求:根据上述资料编制"人工费分配表"。

8.6　练习材料费的核算。

(1)资料:某施工单位额 2017 年 8 月份材料费核算资料如下:

①各工程领用钢材如下表:

工程项目	计量单位	数　量	计划单价
201 合同项目	t	10	2 100
203 合同项目	t	100	2 100
403 合同项目	t	20	2 100

材料成本差异率为 1.2%。

②本月油漆的配置情况如下表：

名称规格	调和漆		松香水		清 漆		配置后综合料	
单价	14.00 元/kg		6.00 元/kg		16.00 元/kg			
	数量	金额	数量	金额	数量	金额	数量	金额
上月结存	100		20					
本月新领或配成	200		50		100		520	
月末盘存	30		10		20		120	
本月耗用	270	3 780	60	360	80	1 280	400	

油漆耗用情况:201 合同项目 100 kg,203 合同项目 220 kg,403 合同项目 80 kg。

③月末大堆材料盘点结果如下表：

名称规格	碎 石	细 砂	砖
单价	20.00 元/t	16.00 元/t	180.00 元/t
上月盘存	2 000	3 000	
本月新进	1 000	1 200	500
月末盘存	500	2 400	
本月耗用	2 500	1 800	500

材料定额耗用量如下表：

材料名称	计量单位	201 合同项目	203 合同项目	403 合同项目
碎石	t	1 000	800	220
细砂	t	1 200	200	250
砖	t	240	160	

④周转材料使用情况如下表：

工程项目	架料/m³	木模/m³	钢模(原价)/元
201 合同项目	100	160	8 000
203 合同项目		40	120 000
403 合同项目	50		

架料可使用 12 个月,残值率为 2%,单价 500 元;木模可使用 10 次,残值率为 4%,本月使用 2 次,单价 1 000 元;钢模月折旧率为 6%。

(2)要求:根据上述资料,编制有关的材料耗用计算单,并根据计算单编制"材料费分配表"。

8.7 练习未完工程预算成本的计算。

1)资料:某施工单位 2017 年 8 月份有关未完工程成本计算资料如下:

①承包的 201 合同项目,月末有 8 600 m² 的砖内墙抹水泥砂浆工程,按预算定额的规定应

该抹两遍,预算单价为8.10元。月末盘点时只抹了一遍。

②承包的203合同项目某分部分项工程的分项单价是3.86元/m²,分三道工序完成,工序价格比例为2:4:4。月末盘点时,该分项工程已完成第一道工序为600 m²,第二道工序为400 m²,第三道工序为200 m²。

③承包的403合同项目某分部分项工程材料成本占用的比重较大,月末盘点时确定的材料数量为:水泥50 t、砂40 t、碎石700 t、钢筋10 t;材料预算单价为:水泥320元、砂260元、碎石30元、钢筋3 000元。

2)要求:

(1)根据资料①采用估量法计算未完工程预算成本。

(2)根据资料②采用估价法计算未完工程预算成本。

(3)根据资料③采用直接法计算未完工程预算成本。

9 合同费用与期间费用的核算

本章导读

- 基本要求 了解费用的概念和分类;理解工程合同收入与合同费用的确认;熟悉工程合同收入与合同费用的确认方法;掌握工程合同收入与合同费用的核算、期间费用的内容和账务处理。
- 重点 合同收入与合同费用的确认与核算,期间费用的内容和账务处理。
- 难点 合同费用的计算与核算,期间费用的账务处理。

费用是建筑企业在工程承包、提供劳务等日常生产经营活动中所发生的各项耗费,包括物化劳动耗费和活劳动耗费。费用分为合同费用、管理费用和财务费用等。费用与收入相配比,即可确定企业经营活动中取得的盈利。

费用按其是否计入施工生产成本可以分为建造合同成本(合同费用)和期间费用两部分。其中,合同费用是建筑企业已结算工程或提供劳务的成本,期间费用包括管理费用、财务费用和销售费用。由于费用发生于建筑安装工程的始末,它一方面代表了建筑企业的整体耗费水平,另一方面也反映了建筑企业的经营管理水平,因此,做好费用的核算,对于正确核算建筑企业的经营活动成果有着十分重要的意义。

9.1 合同费用的核算

建造合同成本是与建造合同收入相配比的经济利益的流出。

由于建筑安装工程(建造合同)的生产经营特点与其他工业产品的生产不同,通常施工期较长,要跨越一个会计年度,有的甚至长达数年,为了及时反映各年度的经营成果和财务状况,一般情况下,不能等到合同工程完工时才确认收入与费用,而应按照权责发生制的要求,遵循配比原则,在建造合同实施过程中,按照一定的方法,合理确定各年的收入和费用。

建造合同收入与合同费用的确认与核算,首先应判断建造合同的结果是否能够可靠地估计,然后再根据具体情况进行处理。

·9.1.1 合同结果能够可靠估计时合同收入和合同费用的确认与核算·

1)合同收入与合同费用的确认条件

由于建筑合同划分为固定造价合同和成本加成合同两种类型,不同类型的建造合同,判断其结果能否可靠地估计的前提条件也不同。

(1)固定造价合同的结果能够可靠地估计应具备的条件

固定造价合同是指按照固定的合同价或固定单价确定工程价款的建造合同。固定造价合同的结果能够可靠地估计应具备以下的条件:

①合同的总收入能够可靠地计算。

②与合同相关的经济利益能够流入企业。

③实际发生的合同成本能够清楚地区分和可靠地计量。

④合同完工进度和为完成合同发生的成本能够可靠地确定。

(2)成本加成合同的结果能够可靠地估计应具备的条件

成本加成合同指以合同允许或其他方式议定的成本为基础,加上该成本的一定比例或定额费用确定工程价款的建造合同。成本加成合同的结果能否可靠地估计,应具备以下两个条件:

①与合同相关的经济利益能够流入企业。

②实际发生的合同成本能够清楚区分并且能够可靠地计算。

2)合同收入与合同费用的确认方法

如果建造合同的结果能够可靠地估计,企业应根据完工百分比法在资产负债表日确认合同收入和合同费用。

(1)确定完工进度百分比

完工百分比法是根据合同完工进度的百分比确认合同收入和合同费用的方法。完工百分比法首先确定建造合同完工进度的百分比,然后根据完工进度百分比,计算和确认当期的合同收入和费用。

确定合同的完工进度百分比有以下 3 种方法:

①根据累计实际发生的合同成本占合同预计总成本的比例确定合同完工进度百分比。其计算公式如下:

$$合同完工进度百分比 = \frac{累计实际发生的合同成本}{合同预计总成本} \times 100\%$$

【例 9.1】 假设某施工企业签订了一项合同总金额为 2 000 万元的建造合同,合同的建设期为 3 年。第一年,实际发生合同成本 680 万元,年末预计为完成合同尚需发生 1 100 万元;第二年,实际发生合同成本 950 万元,年末预计为完成合同尚需发生成本 320 万元。计算合同完工进度百分比如下:

$$至第一年末合同完工进度百分比 = \frac{680}{680 + 1\ 100} \times 100\% = 38.20\%$$

$$至第二年末合同完工进度百分比 = \frac{680 + 950}{680 + 950 + 320} \times 100\% = 83.59\%$$

②根据已经完成的合同工作量占合同预计总工作量的比例确定合同完工进度百分比。该

方法适用于合同工作量容易确定的建造合同,如道路工程、土石方挖掘、砌筑工程等。其计算公式:

$$合同完工进度百分比 = \frac{已经完成的合同工作量}{合同预计总工作量} \times 100\%$$

【例 9.2】 某路桥公司签订了修建一条 200 km 公路的建造合同,合同规定的总金额为 18 000 万元,工期为 3 年。该公司第一年修建了 70 km,第二年修建了 85 km。计算合同完工进度百分比如下:

$$至第一年末合同完工进度百分比 = \frac{70}{200} \times 100\% = 35\%$$

$$至第二年末合同完工进度百分比 = \frac{70 + 85}{200} \times 100\% = 77.50\%$$

③根据已完合同工程的测量确定合同完工进度百分比。这种方法是在无法根据上述两种方法确定合同完工进度百分比时的一种特殊的技术方法,适用于一些特殊的建造合同,如水下施工工程等。

【例 9.3】 某建筑公司承建一项水下工程,在资产负债表日,经专业人员现场测定,已完工程量达合同总工程量的 75%。则该合同完工进度百分比为 75%。

(2)根据完工进度百分比确认和计算当期的合同收入和合同费用

根据完工进度百分比计算和确认当期的合同收入和合同费用的公式如下:

$$当期确认的合同收入 = 合同总收入 \times 完工进度 - 以前会计年度累计已确认的收入$$

$$当期确认的合同毛利 = (合同总收入 - 合同预计总成本) \times 完工进度百分比 - 以前会计年度累计已确认的毛利$$

$$当期确认的合同费用 = 当期确认的合同收入 - 当期确认的合同毛利$$

下面举例说明完工进度百分比法的应用:

【例 9.4】 某施工企业签订了一项总金额为 2 000 万元的固定造价合同,合同规定的工期为 3 年。假定经计算第 1 年完工进度为 25%,第 2 年完工进度已达 80%;经测定前两年的合同预计总成本均为 1 500 万元。第 3 年工程全部完工,累计实际发生合同成本 1 350 万元。计算各期确认的合同收入和费用如下:

第 1 年:

确认的合同收入 = 2 000 万元 × 25% = 500 万元

确认的合同毛利 = (2 000 - 1500)万元 × 25% = 125 万元

确认的合同费用 = (500 - 125)万元 = 375 万元

第 2 年:

确认的合同收入 = 2 000 万元 × 80% - 500 万元 = 1 100 万元

确认的合同毛利 = (2 000 - 1 500)万元 × 80% - 125 万元 = 275 万元

确认的合同费用 = (1 100 - 275)万元 = 825 万元

第 3 年:

确认的合同收入 = 2 000 万元 - (500 + 1 100)万元 = 400 万元

确认的合同毛利 = (2 000 - 1 350)万元 - (125 + 275)万元 = 250 万元

确认的合同费用 = (400 - 250)万元 = 150 万元

（3）合同收入和合同费用的核算

根据上述方法计算确认的合同收入和合同费用,就可以组织合同收入和合同费用的核算。

合同收入通过"主营业务收入"账户核算。当期确认的合同收入记入该账户的贷方,期末,将本账户的余额全部转入"本年利润"账户,结转后本账户应无余额。

合同费用通过"主营业务成本"账户核算。当期确认的合同费用记入本账户的借方,期末,将本账户的余额全部转入"本年利润"账户,结转后本账户应无余额。

当期确认的合同毛利,通过"工程施工——合同毛利"明细账户核算。当期确认的合同毛利,应记入该明细账户的借方。

根据例9.4 的计算,可做各年账务处理如下:

第1年

借:主营业务成本	3 750 000
工程施工——合同毛利	1 250 000
贷:主营业务收入	5 000 000

第2年

借:主营业务成本	8 250 000
工程施工——合同毛利	2 750 000
贷:主营业务收入	11 000 000

第3年

借:主营业务成本	1 500 000
工程施工——合同毛利	2 500 000
贷:主营业务收入	4 000 000

·9.1.2　合同结果不能可靠估计时合同收入和费用的确认与核算·

如果建造合同的结果不能可靠地估计,建筑企业就不能采用完工进度百分比法确认合同收入和合同费用,而应按以下两种情况分别进行会计处理:

①合同成本能够收回的,合同收入根据能够收回的实际合同成本加以确认,合同成本在其发生的当期确认为费用;

②合同成本不能收回的,应在发生时立即确认为费用,不确认为收入。

【例9.5】　某施工企业与业主签订了一项总金额为 200 万元的建造合同,第一年实际发生工程成本 100 万元,双方均能履行合同规定的义务。但施工企业在年末时对该项工程的完工进度无法可靠估计。因此,该企业可依当年发生的工程成本同时确认为当年的收入和费用,不确认利润。其会计分录如下:

| 借:主营业务成本 | 1 000 000 |
| 贷:主营业务收入 | 1 000 000 |

若该企业当年与业主只办理工程价款结算 40 万元,由于业主出现财务危机,其余款项可能收不回来。在这种情况下,该企业只能将 40 万元确认为当年的收入,100 万元应确认为当年的费用。其会计分录如下:

| 借:主营业务成本 | 1 000 000 |

贷:主营业务收入	400 000
工程施工——合同毛利	600 000

9.2 管理费用的核算

建筑企业的期间费用,包括管理费用、财务费用和销售费用。期间费用不直接计入工程成本,而是在发生时直接计入当期损益。

· 9.2.1 管理费用的核算内容 ·

管理费用是指建筑企业为组织和管理企业施工生产和经营活动所发生的各项支出。其具体包括以下 16 项内容。

(1)公司经费

公司经费是指企业的董事会和行政管理部门在企业的经营管理中发生的,或由企业统一负担的费用,包括总部行政部门职工薪酬、差旅交通费、办公费、折旧费、修理费、物料消耗、低值易耗品摊销以及其他公司经费。

(2)工会经费

工会经费是指企业按企业管理人员等工资总额的 2% 计提并拨交给工会的经费。

(3)职工教育经费

职工教育经费是指企业按企业管理人员等工资总额的 1.5% 计提的为职工学习先进技术和提高文化水平的经费。

(4)劳动保险费

劳动保险费是指企业支付给离退休职工的离退休金(包括提取的离退休职工统筹基金)、价格补贴、医药费、易地安家补助费、职工退职金、6 个月以上的病假人员工资、职工死亡丧葬补助费、抚恤费,以及按规定支付给离退休干部的其他各项经费和为行政管理人员等支付的社会保险费。

(5)失业保险费

失业保险费是指按规定标准计提的职工失业保险基金,也是社会保险费的一种,按行政管理人员等计提的失业保险费计入管理费用。

(6)董事会费

董事会费是指企业最高权力机构(如董事会)及其成员为执行职能而发生的各项费用,包括董事会成员津贴、差旅费和会议费等。

(7)咨询费

咨询费是指企业向有关咨询机构进行科学技术、经营管理咨询时支付的费用,包括聘请经济技术顾问、法律顾问等支付的费用。

(8)聘请中介机构费

聘请中介机构费是指企业聘请注册会计师进行查账验资以及资产评估等发生的各项费用。

（9）诉讼费

诉讼费是指企业因起诉或者应诉而发生的各项费用。

（10）排污费

排污费是指企业按规定交纳的排污费用。

（11）技术转让费

技术转让费是指企业使用他人（或单位）转让的非专利技术而发生的费用。

（12）研究与开发费

研究与开发费是指企业研究开发新产品、新技术、新工艺所发生的费用，包括新产品设计费、工艺规程制定费、设备调试费、原材料和半成品的试验费、技术图书资料费、未纳入国家计划的中间试验费、研究人员的工资、研究设备的折旧、与新产品试制和技术研究有关的其他经费、委托其他单位进行的科研试制的费用以及试制失败损失费。

（13）无形资产摊销费

无形资产摊销费是指专利权、商标权、著作权、土地使用权、非专利技术等无形资产摊销费。

（14）业务招待费

业务招待费是指企业为施工生产经营活动的合理需要而支付的招待费用。列入管理费用规定的限额有：营业收入全年在1 500万元以下，按不超过5‰列支；营业收入全年在1 500万元以上（含1 500万元）但不足5 000万元，按不超过3‰列支；营业收入全年在5 000万元以上（含5 000万元）但不足1亿元，按不超过2‰列支；营业收入全年在1亿元以上（含1亿元），按不超过1‰列支。

（15）其他费用

其他费用是指除上述费用以外的其他管理费用。

· 9.2.2　管理费用的核算 ·

为了反映企业管理费用的发生情况，需设置"管理费用"账户进行总分类核算。发生各项管理费用时，记入本账户的借方；期末应将本账户的余额转入"本年利润"账户，结转后该账户无余额。本账户应按费用项目设置明细账，组织明细核算。

现举例说明管理费用的核算方法如下：

【例9.6】　某建筑企业2017年12月份发生下列有关的经济业务：

（1）1日，总务处购买办公用品1 200元，以现金支付。会计分录如下：

借：管理费用——公司经费（办公费）　　　　　　　1 200

　　贷：库存现金　　　　　　　　　　　　　　　　　　　1 200

（2）2日，报销职工王刚上下班交通补贴费1 600元，剩余现金600元交回财务部门。会计分录如下：

借：管理费用——公司经费（差旅交通费）　　　　　1 000

　　库存现金　　　　　　　　　　　　　　　　　　600

　　贷：其他应收款——王刚　　　　　　　　　　　　　　1 600

（3）3日，计提公司管理部门固定资产折旧费20 000元。会计分录如下：

借：管理费用——公司经费（折旧费）　　　　　　　20 000

　　贷：累计折旧　　　　　　　　　　　　　　　　　　　20 000

(4)5 日,行政部门领用低值易耗品600 元。会计分录如下:

借:管理费用——公司经费(低值易耗品摊销)　　　600

　　贷:低值易耗品　　　　　　　　　　　　　　　　　　600

(5)6 日,办公室李宏报销业务招待费1 500 元,以现金支付。会计分录如下:

借:管理费用——业务招待费　　　　　　　　　　1 500

　　贷:库存现金　　　　　　　　　　　　　　　　　　1 500

(6)7 日,以银行存款支付会计师事务所审计费800 元。会计分录如下:

借:管理费用——审计费　　　　　　　　　　　　　800

　　贷:银行存款　　　　　　　　　　　　　　　　　　800

(7)8 日,分配管理人员工资50 000 元,并按工资总额的14% 计提职工福利费7 000 元。会计分录如下:

借:管理费用——管理人员工资　　　　　　　　57 000

　　贷:应付职工薪酬——应付工资　　　　　　　50 000

　　　　应付职工薪酬——应付福利费　　　　　　7 000

(8)10 日,计提本期离退休统筹金5 000 元。会计分录如下:

借:管理费用——劳动保险费　　　　　　　　　　5 000

　　贷:应付职工薪酬——离退休统筹金　　　　　5 000

(9)16 日,以银行存款支付离退休人员医药费1 000 元。会计分录如下:

借:管理费用——劳动保险费　　　　　　　　　　1 000

　　贷:银行存款　　　　　　　　　　　　　　　　　1 000

(10)30 日,按规定标准计提工会经费5 000 元,职工教育经费2 500 元。会计分录如下:

借:管理费用——工会经费　　　　　　　　　　　5 000

　　　　　　——职工教育经费　　　　　　　　　2 500

　　贷:应付职工薪酬——工会经费　　　　　　　5 000

　　　　　　　　　　——教育部门经费　　　　　2 500

(11)31 日,将本月发生的管理费用记入当月损益,转入"本年利润"账户。会计分录如下:

借:本年利润　　　　　　　　　　　　　　　　95 600

　　贷:管理费用　　　　　　　　　　　　　　　95 600

根据上述业务的记账凭证登记的"管理费用明细账"如表9.1所示。

表9.1　管理费用明细账

| 2013年 | | 凭证号 | 摘要 | 公司经费 | | | | 业务招待费 | 管理人员工资 | 劳动保险费 | 工会经费 | 职工教育经费 | 审计费 | 税金 | 合计 |
月	日			办公费	差旅费	折旧费	低耗品摊销								
12	1	1	购办公用品	1 200											1 200
	2	2	报差旅费		1 000										1 000
	3	3	计提折旧费			20 000									20 000
	5	4	领低耗品				600								600

续表

2013年 月	日	凭证号	摘要	公司经费 办公费	差旅费	折旧费	低耗品摊销	业务招待费	管理人员工资	劳动保险费	工会经费	职工教育经费	审计费	税金	合计
6	5		报招待费					1 500							1 500
7	6		付审计费										800		800
8	7		发放工资						57 000						57 000
10	8		提退休统筹金							6 000					6 000
16	9		提工会经费等								5 000	2 500			7 500
	31		本月合计	1 200	1 000	20 000	600	1 500	57 000	6 000	5 000	2 500	800		95 600

9.3 财务费用的核算

·9.3.1 财务费用的内容·

财务费用是指建筑企业在施工生产过程中,为筹集施工生产经营所需资金而发生的各项费用,包括企业经营期间发生的短期借款利息支出、汇兑损失、金融机构手续费以及企业为筹集资金发生的其他财务费用。

·9.3.2 财务费用的核算·

为了总括核算和监督企业财务费用的发生和结转情况,应设置"财务费用"账户进行总分类核算。企业发生各项财务费用时,记入本账户的借方;期末,将本账户的余额结转于"本年利润"账户,计入当期损益。结转后本账户期末无余额。本账户应按费用项目设置明细账,进行明细分类核算。

现举例说明财务费用的核算方法:

【例9.7】 某建筑企业2017年12月份发生下列有关的经济业务:

(1)25日,收到银行存款利息收入通知单,通知存款利息收入1 400元。其会计分录如下:

借:银行存款　　　　　　　　　　1 400

　贷:财务费用——利息收入　　　　　1 400

(2)26日,接银行通知,支付借款利息2 650元。其会计分录如下:

借:财务费用——利息支出　　　　2 650

　贷:银行存款　　　　　　　　　　　2 650

(3)27日,委托银行办理银行汇票一份,支付手续费20元。其会计分录如下:

借:财务费用——银行手续费　　　　20

　贷:库存现金　　　　　　　　　　　　20

(4)31 日,企业持未到期的商业承兑汇票一张,向开户行申请贴现,汇票面值是 100 000 元,贴现利息为 1 200 元,实收贴现额为 98 800 元。其会计分录如下:

借:银行存款　　　　　　　　　　　98 800

　财务费用——利息支出　　　　　　1 200

　　贷:应收票据——商业承兑汇票　　　　100 000

(5)31 日,将本月发生的财务费用计入当期损益,转入"本年利润"账户。其会计分录如下:

借:本年利润　　　　　　　　　　　2 470

　　贷:财务费用　　　　　　　　　　　2 470

根据上述有关记账凭证登记的"财务费用明细账"如表9.2 所示。

表9.2　财务费用明细账

2017 年		凭证字号	摘　要	利息支出	银行手续费	合　计
月	日					
12	25	1	取得利息收入	− 1 400		− 1 400
	26	2	支付利息支出	2 650		2 650
	27	3	支付手续费		20	20
	31	4	支付贴现利息	1 200		1 200
	31		本月合计	2 450	20	2 470
	31		结　转	− 2 450	− 20	− 2 470

建筑企业主要从事建筑安装工程的生产经营活动,通常是先有卖主(发包单位),后有产品(房屋、建筑物),企业不单独设置销售机构,发生的销售费用相对较少,因此,建筑企业一般不单独设置"营业费用"账户。在实际工作中,建筑企业发生的销售费用可并入"管理费用"账户进行核算。建筑企业附属的工业企业,如果发生的销售费用数额较大,可增设"销售费用"账户单独进行核算。其具体核算方法与管理费用基本相同。

小结 9

费用是建筑企业在工程承包、提供劳务等日常生产经营活动中所发生的经济利益流出,包括生产成本(合同费用)和期间费用。

合同费用是建筑企业已结算工程或提供劳务的成本,是与合同收入相配比的支出。由于建造合同施工的长期性,合同费用的确认方法为:当建造合同的结果能够可靠地估计时,按完工进度百分比法计算与确认合同费用;当建造合同的结果不能够可靠地估计时,如合同成本能够收回的,则合同成本在其发生的当期确认为费用,如合同成本不能收回的则在发生时立即确认为费用。合同费用通过"主营业务成本"账户核算,按上述方法确认的合同费用,记入该账户的借方,年末时将该账户的余额转入"本年利润"账户,结转后该账户无余额。

建筑企业的期间费用包括管理费用和财务费用。管理费用是建筑企业为组织和管理企业施工生产和经营活动所发生的各项支出。财务费用是建筑企业为筹集施工生产经营所需资金而发生的各项开支。管理费用和财务费用分别通过"管理费用"和"财务费用"账户进行核算,实际发生的各项管理费用和财务费用分别记入上述账户的借方,期末时将各账户的余额转入"本年利润"账户,结转后该账户无余额。管理费用和财务费用账户应按费用项目设置明细账,进行明细分类核算。

复习思考题 9

9.1 什么叫费用?建筑企业的费用是由哪些内容构成的?

9.2 什么叫合同费用?合同费用是如何确认的?

9.3 什么是期间费用?期间费用与工程施工成本的联系与区别在哪里?

9.4 什么是管理费用?它包括哪些内容?

9.5 什么是财务费用?它包括哪些内容?

9.6 练习合同费用的核算。

(1)资料:

某建筑公司签订了一项总金额为 1 520 万元的建造合同,承建一幢房屋。工程于 2012 年 7 月开工,预计到 2014 年 7 月完工。2012 年末预计的工程总成本为 1 200 万元,到 2013 年底预计工程总成本已为 1 280 万元。建造该项工程的其他有关资料如下:

	2012 年	2013 年	2014 年
至本期末实际发生的成本(元)	240	960	1 280
完成合同尚需投入的成本(元)	1 000	320	…

(2)要求:

①确定各年的合同完工进度百分比;

②确认各年的合同收入、合同费用和毛利;

③编制各年的会计分录。

9.7 练习期间费用的核算。

(1)资料:

某建筑企业 2013 年 12 月份发生下列经济业务:

①以银行存款支付管理人员差旅费 9 200 元;

②支付银行借款利息 8 600 元;

③支付设计费 2 760 元,劳动保险费 1 600 元;

④支付业务招待费 6 400 元;

⑤支付投标费 4 130 元;

⑥支付供电局电费 8 630 元,自来水公司水费 800 元;

⑦分配管理人员工资 16 000 元,应计提的职工福利费为 2 240 元;

⑧计提管理及试验用固定资产折旧及发生的修理费分别为 4 500 元和 1 600 元;

⑨支付银行手续费 60 元；

⑩按企业职工工资总额计提工会经费 7 000 元、职工教育经费 5 000 元。

（2）要求：

①根据上述经济业务作出会计分录；

②设置并登记"管理费用明细账"和"财务费用明细账"。

10 工程成本计划

本章导读

- **基本要求**　了解编制工程成本计划的作用、内容和程序;熟悉工程成本计划降低任务的可行性测算;掌握辅助生产成本费用计划的编制、工程施工成本计划的编制、总工程成本计划的编制及期间费用计划的编制。
- **重点**　降低工程成本计划任务可行性的测算,工程成本和各项费用计划的编制。
- **难点**　辅助生产费用、间接费用和各工程成本计划的编制。

工程成本计划既是成本会计工作的重要组成内容,也是企业内部计划管理的有机部分。为使决策目标得到实现,必须制订切实可行的成本计划。

10.1　工程成本计划的作用、内容和编制程序

·10.1.1　工程成本计划的作用·

成本计划是以货币形式预先规定企业在计划期内的生产耗费和各种产品成本水平的计划。编制成本计划,对于加强成本管理,控制生产耗费,促进企业管理水平的提高,都有十分重要的作用。

1)编制工程成本计划有利于成本管理责任制的实施

为了编制积极可靠的成本计划,并组织成本计划的实施,企业必须认真修订原材料、燃料、动力、工时消耗定额,制订材料物资的内部结算价格,严格开支费用标准,建立健全有关手续、制度。将成本分解到各个职能部门、工程处、班组,考核各单位成本计划任务的完成情况,加强各单位的成本责任感,促进成本的降低。

2)编制工程成本计划有利于调动职工增收节支的积极性

为了达到目标成本的要求,实现目标利润,完成成本降低任务,企业在编制成本计划的过程中,必须对影响成本的各项因素进行反复测算,并充分发动职工出主意、提建议,拟定增产节约、增收节支的措施,挖掘一切降低成本的潜力。

3)工程成本计划是企业编制有关计划的依据

企业的利润计划、流动资金计划等,必须以成本计划为依据。同时,成本计划和企业的劳动工资计划、技术组织措施计划、物资供应计划、生产计划、销售计划、利润计划、固定资产折旧计划、流动资金计划等一起,构成严密的计划管理体系,是企业计划管理不可缺少的重要组成部分。

从成本管理的全过程来看,成本计划是成本控制、成本分析和考核的依据,是成本管理的重要组成部分。

· 10.1.2 工程成本计划的内容 ·

工程成本计划的内容主要包括单个工程项目成本计划、总工程成本计划以及期间费用计划。

1)单个项目工程成本计划

单个项目工程成本计划是以各工程项目为对象,并按工程项目编制的成本计划,分别反映计划期内单个项目工程应该达到的成本水平。

2)总工程成本计划

总工程成本计划是按单个项目工程成本计划汇总编制的,它又分为按项目工程类别汇编的总工程成本计划和按成本项目汇总编制的总工程成本计划。

项目工程类别汇编的总工程成本计划,是按施工项目类别来确定计划单位成本、计划总成本以及成本降低额和降低率,这种形式可以反映企业各类别的工程项目成本水平;按成本项目汇总编制的总工程成本计划分别确定计划期内的总成本以及总的成本降低额和降低率,通过这种形式可以了解企业全部工程成本项目和结构变动情况。

3)期间费用计划

期间费用计划包括管理费用计划和财务费用计划。

成本计划除了以表格表述外,还应编写文字说明书,对成本计划编制的依据、理由、方法、保证措施以及完成计划的可能性进行说明。

由于成本计划规定了各种工程项目的成本水平和期间费用的开支水平,所以,成本计划对加强成本管理,强化企业内部经济责任制起着重要作用。

· 10.1.3 工程成本计划的编制程序 ·

1)搜集、整理资料

编制成本计划之前,必须广泛搜集各种资料,并加以整理分析。这些资料主要包括:
①成本预测情况和降低成本的目标;
②计划期企业的目标利润,施工、物资供应、劳动工资计划和技术组织措施等;
③有关的技术经济定额及规定,如物资消耗定额、劳动定额、费用开支标准及有关规定等;
④企业内原材料、燃料、动力计划价格,各种劳务的内部结算价格及各种费用预算;
⑤本企业上年和历史最好水平的成本资料;
⑥国内外同类产品的平均水平和先进水平的成本资料。

2)总结、分析上年成本计划完成情况

正确的成本计划是在总结过去经验教训的基础上编制出来的。所以,在编制成本计划前,必须对上年成本计划的完成情况进行总结和分析,以便总结成绩,发现问题,找出差距,提出措施,明确努力的方向。

3)测算有关因素对成本降低指标的影响程度

测算有关因素对成本降低指标的影响程度,对提高成本计划工作的质量有重要作用,是保证成本计划先进性、合理性、可行性的必不可少的步骤。对有关因素的测算也称为试算平衡。

4)编制成本计划

经过对成本降低指标各因素的测算,达到成本降低的要求后,财务部门就可以正式编制成本计划。成本计划经企业领导批准后,应下达各分公司、工程处、部门执行。

10.2 工程成本计划降低任务的可行性测算和计划的编制

· 10.2.1 工程成本计划降低任务的可行性测算 ·

为了完成计划年度成本计划降低任务,保证成本计划的科学合理、切实可行,在正式编制成本计划以前,应对计划年度影响成本升降的因素进行测算,预测成本计划降低的数额和降低率。

1)由于劳动生产率提高幅度超过平均工资增长幅度而使成本费用降低

$$成本费用降低率 = \left[1 - \frac{1 + 平均工资增长率}{1 + 劳动生产增长率} \right] \times \begin{array}{l} 生产工人工资 \\ 占总成本的比例 \end{array}$$

$$成本费用降低额 = 计划期总成本费用 \times 成本费用降低率$$

2)由于材料、燃料消耗降低而使成本费用降低

$$成本费用降低率 = 预计材料等消耗降低率 \times 计划期材料费用占总成本费用的比例$$

$$成本费用降低额 = 计划期总成本费用 \times 成本费用降低率$$

3)由于工程项目工程量增加,使固定耗费相对节约而使成本费用降低

$$成本费用降低率 = \left[1 - \frac{1}{生产增长率} \right] \times \begin{array}{l} 固定费用占 \\ 总成本的比例 \end{array}$$

$$成本费用降低额 = 计划期总成本费用 \times 成本费用降低率$$

4)由于管理费用节约而使成本费用降低

$$成本费用降低率 = 预计管理费用节约率 \times 计划期管理费占总成本费用的比例$$

$$成本费用降低额 = 计划期总成本费用 \times 成本费用降低率$$

5)由于返工损失减少而使成本费用降低

$$成本费用降低率 = 预计返工损失降低率 \times 返工损失占总的成本费用的比例$$

$$成本费用降低额 = 计划期总成本费用 \times 成本费用降低率$$

以上计划期总成本费用均是按基期平均单位成本计算的。

计划期总成本费用的降低是上述各项降低额之和。将所求出的成本费用计划总额与目标成本费用相比较,如符合目标成本费用水平,则试算结果达到预定的目标任务;否则,应重新制订降低成本费用的措施,重新试算,直至达到目标成本费用水平。

·10.2.2　工程成本和费用计划的编制·

当有关资料搜集整理齐备,成本降低指标测算的结果达到了要求以后,就可进行成本计划和费用计划的编制。成本计划的编制方式与成本核算的方式应该一致。企业采用一级成本核算形式,成本计划由施工企业财会部门统一编制;企业采用分级核算形式,成本计划则应由工程处和企业财会部门分别编制。下面说明由工程处、企业两级编制成本费用计划的方法。

1)辅助生产成本费用计划的编制

辅助生产是为基本生产和管理部门提供材料或劳务的生产。辅助生产部门发生的费用要按照一定的标准分配给各受益部门,列入各受益部门的产品成本或费用计划。因此,首先应编制辅助生产成本费用计划。辅助生产成本费用计划的编制方法如下:

(1)辅助生产费用计划数额的确定

计划期辅助生产费用数额可根据不同情况计算确定:

①有消耗定额的原材料、燃料、动力等费用,根据计划期辅助生产产品或提供劳务的数量,乘以单位消耗定额和计划单价计算确定。

②有规定开支标准的费用,如劳动保护费,可根据规定标准和部门人数计算确定。

③根据有关计划资料确定,例如工资费用根据劳动工资计划,固定资产的折旧费根据固定资产折旧计划计算确定。

④对于既无消耗定额,又无开支标准,也无法与其他计划参照的费用,可以参照上期实际数,并考虑生产增长和费用节约的要求确定。

辅助生产成本费用计划的编制格式如表 10.1 所示。

表 10.1　辅助生产成本计划表

单位:元

费用要素	本年计划
外购材料	
外购燃料	
外购动力	
工　资	
职工福利费	
折旧费	
修理费	
其他支出	
合　计	
加:耗用其他部门费用	
减:其他部门耗用费用	
总　计	

（2）辅助生产费用在各受益单位之间的分配

根据"谁受益谁负担"的原则，辅助生产计划费用应在各受益单位之间进行分配。只生产一种材料或提供一种劳务的辅助生产，如供水、供电、供气等，将辅助生产部门的辅助生产费用计划总额除以劳务供应计划总量，就是该劳务的单位成本。以此单位成本乘以各基本生产单位、其他辅助生产单位和管理等部门的计划劳务耗用量，就是各部门、单位应负担的辅助生产费用。

机修、运输部门的辅助生产计划费用，可分别采用计划机修工时、吨公里为标准在各受益部门之间进行分配。辅助生产成本计划分配表格式如表 10.2 所示。

表 10.2　辅助生产成本计划分配表

受益对象	分配数量	分配率	分配金额/元
工程施工			
机械作业			
施工间接费			
管理费用			

2）工程施工成本计划的编制

工程施工成本计划包括间接费用计划和各工程成本计划。

（1）间接费用计划的编制

间接费用指项目部（或工程处）为管理和组织生产而发生的各项费用。间接费用各项目的计划数额的确定同辅助生产费用计划数额的确定。管理人员的工资及福利费、折旧费等，根据劳动工资计划、折旧计划确定。有消耗定额的变动性间接费用，按消耗定额计算确定。无具体开支标准的根据上年实际，结合计划年度的生产增长情况、增收节支的要求确定。间接费用计划表格式如表 10.3 所示。

表 10.3　间接费用计划表

单位：元

项　　目	上年预计	本年计划
工资		
职工福利费		
办公费		
折旧费		
低值易耗品摊销		
修理费		
劳保费		
水电费		
场地清理费		
其他支出		
合　　计		

间接费用计划数额,应分配给各工程负担,以计算各工程的单位成本和总成本。如果该施工单位只进行一项工程施工,间接费用计划数额则全部归由该工程负担;如果该施工单位进行多项工程施工,应将间接费用的计划数额在各成本项目之间进行相应分配。间接费用分配表格式如表10.4所示。

表10.4　间接费用计划分配表

受益对象	单位工程工时定额	项目定额工时	分配率	分配额/元	单位产品分配额/元
101 合同项目					
102 合同项目					
合　计					

（2）机械使用费成本计划的编制

机械使用费是指工程施工过程中使用施工机械所发生的各项开支,包括租用外单位机械和自有机械的使用费,以及按规定支付的施工机械安装、拆卸和进出场费等。机械使用费成本计划编制的方法是:凡只进行一项工程施工的,则计划数额全部分配给该受益对象;如有几个成本核算对象共同受益的,应以定额使用量为标准,分配机械使用费的计划数额。

（3）其他直接费成本计划的编制

其他直接费是指在施工现场直接发生的,但不计入人工费、材料费和机械使用费的其他直接施工耗费。其他直接费成本计划编制过程中,凡能确定受益对象的,按工日、工料成本或直接费成本进行分配。

（4）合同项目单位工程成本计划的编制

合同项目单位工程成本计划是成本计划的核心。各成本项目的计算方法如下:

①材料费成本项目,根据消耗定额乘以计划单价计算确定;

②人工费项目,根据劳动工资计划提供的工资及福利费数额,采用一定的分配方法在各合同项目之间分配确定;

③机械使用费、其他直接费和间接费用项目的计划数额,根据总的计划数额和规定的分配标准计算确定。

合同项目单位成本计划表格式如表10.5所示。

表10.5　合同项目单位成本计划表

核算对象:101 合同项目

成本项目	单位成本		降低额	降低率/%
	上年预计	本年计划		
人工费				
材料费				
机械使用费				
其他直接费				
间接费用				
合　计				

3）总工程成本计划的编制

公司财会部门应对各项目部上报的合同项目单位成本、费用计划进行审核，然后汇编总工程成本计划。

企业为了反映计划成本状况，还应根据计划工程量、上年实际平均单位成本、本年单位成本计划资料，编制总工程成本计划。总工程成本计划表格式如表10.6所示。

表10.6　总工程成本计划表

核算对象	计划工程量	单位成本		总成本			
		上年预计平均	本年计划	按上年预计单位成本计算	按本年计划单位成本计算	降低额	降低率/%
101 合同项目							
102 合同项目							
合　计							

4）期间费用计划的编制

期间费用包括企业在生产经营过程中发生的管理费用、财务费用，其计划编制方法通常是按费用项目分析计算确定。

（1）管理费用计划的编制

管理费用是指企业行政管理部门为组织和管理生产经营活动而发生的各项费用。其计划的编制方法，要根据费用的具体项目而定。管理人员工资可根据人数计划和月工资标准计算确定。职工福利费、工会经费、职工教育经费可根据管理人员计划工资总额和国家规定的提取标准计算确定。折旧费可根据管理部门的固定资产原值和年折旧率计算确定。管理费用中列支的房产税等税金可根据税法规定计算确定。业务招待费可根据企业的销售收入计划和国家规定的计算方法分档计算确定。土地使用费可根据有偿使用的土地面积和规定的付费标准计算确定。低值易耗品摊销、无形资产摊销、开办费摊销可根据这些费用的年计划摊销额确定。其他项目应在分析上年费用开支情况的基础上，考虑本计划期物价变动和生产经营规模变动以及费用节约的要求等因素进行预计。

$$\begin{matrix} \text{管理费} \\ \text{用计划} \end{matrix} = \begin{matrix} \text{上年管理费} \\ \text{用预计数} \end{matrix} \times \left[1 \pm \begin{matrix} \text{生产增} \\ \text{减百分数} \end{matrix}\right] \times \left[1 \pm \begin{matrix} \text{物价变} \\ \text{动百分数} \end{matrix}\right] \times \left[1 - \begin{matrix} \text{管理费用} \\ \text{节约百分数} \end{matrix}\right]$$

（2）财务费用计划的编制

财务费用是指企业为筹集资金而发生的各项费用，包括企业生产经营期间发生的利息支出（减利息收入）、汇兑净损失、调剂外汇净损失、金融机构手续费、短期借款的利息以及筹资发生的其他财务费用等。财务费用与生产规模的大小、资金运用的效果以及计划期的利率、汇率、金融机构手续费比例等因素有直接关系，可按下式进行预计：

$$\begin{matrix} \text{财务费} \\ \text{用计划} \end{matrix} = \sum \begin{matrix} \text{计划期} \\ \text{筹资额} \end{matrix} \times \begin{matrix} \text{计划期} \\ \text{利率} \end{matrix} + \sum \begin{matrix} \text{计划汇} \\ \text{兑款额} \end{matrix} \times (1 \pm \text{汇率}) + \sum \begin{matrix} \text{计划期其他} \\ \text{财务费用} \end{matrix} \times \begin{matrix} \text{费用节约} \\ \text{百分数} \end{matrix}$$

小结 10

成本计划是以货币形式预先规定企业在计划期内的生产耗费和各种产品成本水平的计划。成本计划的内容主要包括单个工程项目成本计划、总工程成本计划以及期间费用计划等。

编制成本计划的程序包括搜集整理资料,总结和分析上年成本计划完成情况,测算有关因素对成本降低指标的影响程度和编制成本计划。

在正式编制成本计划以前,应对计划年度影响成本升降的因素进行测算,预测成本计划降低的数额和降低率,此项工作也称为成本计划的试算平衡。成本计划的试算平衡包括:计算由于劳动生产率提高幅度超过平均工资增长幅度而使成本费用的降低;计算由于材料、燃料消耗降低而使成本费用的降低;计算由于工程项目工程量增加,使固定耗费相对节约而使成本费用的降低;计算由于节约管理费用而使成本费用的降低;计算由于减少返工损失而使成本费用的降低。成本降低指标测算的结果达到要求后,就可以进行成本计划和费用预算的编制。首先应编制辅助生产成本费用计划,辅助生产部门发生的费用要按照一定的标准分配给各受益部门,列入各受益单位或部门的产品成本或费用计划,然后编制工程施工成本计划,包括编制间接费用计划和各工程成本计划;公司财会部门还应根据合同项目单位成本计划汇总编制总工程成本计划;在此基础上,建筑企业还须编制管理费用计划和财务费用计划。

复习思考题 10

10.1　什么是成本计划?成本计划是由哪些内容构成的?

10.2　编制成本计划有何作用?

10.3　编制成本计划的程序是什么?

10.4　如何测算各项因素对成本计划降低任务的影响程度?

10.5　什么是工程成本计划?

10.6　各项费用计划如何编制?

11 工程成本控制

本章导读

- **基本要求** 了解工程成本控制的意义、程序和应遵循的原则;理解工程成本控制、标准成本的概念和作用;熟悉降低工程成本的途径及控制的方法;掌握标准工程成本中的材料费用、人工费用、间接费用、合同项目标准成本的制订及材料费用、人工费用、间接费用差异的计算与分析。
- **重点** 标准工程成本的制订、工程成本差异的计算与分析。
- **难点** 工程成本固定间接费用三差异的计算与分析。

成本控制是现代成本管理的核心内容。成本计划为成本控制提供依据,企业在编制成本计划之后,为使成本计划能够顺利完成,充分发挥成本计划的作用,就必须对成本加以控制。

11.1 工程成本控制的意义、程序和原则

· 11.1.1 工程成本控制的意义 ·

所谓控制,是指人们通过制造或改变条件、施加影响和采取措施使客观事物的发展沿着预定目标或计划运行。工程成本控制是一种经济控制,是根据预定的成本目标,对企业生产经营过程中的劳动耗费进行约束和调节,找出偏差,采取措施及时纠正,以实现预定的成本目标,达到成本的不断降低,提高经济效益。在现代成本管理中,加强成本控制具有重要的意义。

1)加强工程成本控制是降低成本,提高经济效益的手段

加强工程成本控制,可以根据事先确定的标准,限制各项费用和消耗的发生,有计划地控制成本的形成,使成本不超过预定的标准。企业要想降低成本,以最小的劳动耗费实现最大的劳动成果,必须加强成本管理,强化成本控制。控制并降低成本是实现经济效益的重要手段。

2)加强工程成本控制是现代成本管理的核心

现代成本管理包括成本预测、成本决策、成本计划、成本核算、成本控制、成本分析、成本考核等环节。按管理的时间不同分为事前成本管理、事中成本管理、事后成本管理。成本预测、成本

决策、成本计划属于事前成本管理;成本核算、成本控制属于事中成本管理;成本分析、成本考核属于事后成本管理。成本管理各环节之间存在着相互关系:成本预测、成本决策和成本计划为成本控制提供依据;成本核算为成本控制提供信息反馈;成本分析和成本考核反映了成本控制的业绩。由此可见,成本控制是实施成本管理的重要环节,是加强现代成本管理的核心内容。

3)加强工程成本控制是整个宏观经济控制的基础

成本控制在整个宏观经济控制中起着基础性的作用,是整个宏观经济控制系统的一个子系统。宏观经济控制的效果很大程度上受成本控制效果的影响。成本失控,势必造成企业耗费增加;成本上升,经济效益降低,投入与产出比例失衡。同时,成本失控会导致物价波动,经济不稳定,从而影响整个宏观经济的调控。因此,只有强化成本控制,才能为搞好整个宏观经济调控奠定基础。

· 11.1.2 工程成本控制的程序 ·

工程成本控制的程序主要包括制订成本控制标准、实施成本控制、揭示差异、分析成本控制的效果等。

1)制订工程成本控制标准

工程成本控制标准是用来检查和评价实际成本水平的依据,是衡量成本控制效果的尺度。成本控制标准可根据成本形成的不同的阶段和成本控制的不同对象确定,主要包括以下几种标准。

(1)目标成本

在工程施工过程中,通常是以目标成本为控制标准。目标成本是在预测价格的基础上,以实现目标利润为前提而确定的。把工程成本控制在目标成本范围以内,才能保证企业获得预期的经济效益。

(2)计划指标

在编制成本计划以后,可以将成本计划指标作为成本控制标准。也可以根据需要将计划指标进行层层分解,然后下达到企业内部各个成本管理单位。以分解后的具体指标进行控制,可使成本控制工作落实到每个责任单位和各有关人员,并把成本控制与成本计划、成本核算紧密结合起来。

(3)消耗定额

消耗定额是在一定的生产技术条件下,为工程施工而消耗的人力、物力、财力的数量标准。它包括材料消耗定额、工时消耗定额和费用定额等。用这些定额控制企业经营过程中的物资消耗和人力消耗,是保证降低成本的必要手段。

(4)费用预算

对企业的经营管理费用的开支,通常是采用费用预算作为控制标准。通过预算控制支出,是促进各部门精打细算、节省开支的有效方法。

2)实施工程成本控制

在成本的形成中,根据成本形成过程的不同特点和不同标准实行成本控制,掌握实际成本、费用的发生情况,努力将实际成本、费用控制在规定的标准之内。

3）揭示差异

将成本控制标准与实际成本进行比较,确定实际成本节约或超支的差异,分析产生差异的原因,并确定差异对成本水平的影响。

4）分析工程成本控制的效果

成本偏差揭示以后,应分清差异的程度和性质,确定差异的责任归属,实行经济责任制,奖罚兑现,以利巩固成本控制的成果。同时应认真总结成本控制的有效经验并加以推广,分析成本控制中存在的主要问题,提出改进措施,促使成本控制活动健康持久地开展,把企业成本、费用限制在规定的标准以内,不断降低工程成本。

· *11.1.3　工程成本控制的原则* ·

在成本管理实践中,为了有效地实施成本控制,强化成本管理职能,成本控制应遵循一定的原则。成本控制的原则是进行成本控制的行为规范,它体现了成本控制的特点。成本控制的原则主要有以下几个方面。

1）全面性原则

成本控制是一个经济控制系统,这个系统对成本实施有效控制,必须遵循全面性原则。全面性原则是指使全体员工树立和增强成本控制意识,积极参与成本控制,并且对企业生产经营活动的各个方面、各个环节实行控制。成本控制既要有纵向和横向控制,又要有总指标和分指标控制;既要对工程设计、生产加以控制,又要对材料采购和销售过程加以控制;既要进行事前控制、事中控制,又要进行事后控制;既要有控制的组织体系,又要有广泛的群众基础,形成全面成本控制网络。

2）效益性原则

加强成本控制是为了降低成本,提高经济效益。但提高经济效益,不单纯是靠降低成本的绝对数,更重要的是实现相对的节约,以较少的耗费获得更多的成果。因此,成本控制指标的确定、成本控制方法的选择、成本控制组织体系的建立等,都要以提高经济效益为出发点。

3）责权利相结合原则

成本控制是加强成本核算和巩固经济责任制的重要手段。因此,实施成本控制必须遵循责权利相结合的原则。成本控制必须首先明确经济责任制,并赋予责任者相应的实施成本控制的权力,否则无法履行其责任。同时,只有责任和权力,没有一定的经济利益,责任者就会失去控制成本的动力,因此应将其控制效果的好坏与其经济利益的大小挂钩,才能调动各责任者在控制成本中的积极性和主动性。

4）分级控制原则

分级控制原则是指成本控制应在公司经理领导下实行归口分级控制。财会部门将企业成本控制目标分解成具体目标,落实到各责任单位(如项目部或工程处、班组等),并根据其业务范围及其承担的成本具体指标,实行归口分级管理,才能确保成本控制目标的实现。

5）例外管理原则

在成本控制过程中,有可能发生一些难以预计的影响因素,这些因素如果不及时处理就会导致不利后果。例外管理原则要求企业要重视导致实际耗费脱离标准差异较大的"例外"事项,认真分析这些事项产生的原因和责任主体,对影响因素进行归类和统计分析,及时采取措施防止这些不利因素进一步扩展。

11.2 降低工程成本的途径及成本控制的方法

· 11.2.1 降低工程成本的途径 ·

为了达到降低成本目标,保证企业成本降低总目标的实现,仅在纸上计算、预测是不行的,而必须通过一些降低成本的途径来实现。由于各施工项目的工程特点不同,一般可选择以下途径来实现降低成本的目标。

1)进行可行性研究,正确选择施工方案

可行性研究是在投资决策前,对于拟定项目从社会、经济和技术等方面进行分析、比较、论证,从中选择技术先进和经济合理的最优方案。

施工方案包括:施工方法和施工机具的选择、施工顺序的安排和流水施工的组织等。正确选择施工方案是降低成本的关键。为此,企业应以合同为依据,结合项目的规模、性质、复杂程度、现场条件、装备情况、人员素质等因素综合考虑,制订几个可行的施工方案,进行可行性研究,从中优选一个最合理、最经济的施工方案。

2)降低材料消耗

材料消耗在成本项目中所占比重较大,因此,降低材料消耗是降低成本的重要途径。为了降低成本,企业应在保证工程质量的前提下,采取以下措施节约和降低材料消耗:

①经济批量采购,降低材料购储成本;

②加强对运输、储存的管理,减少损耗;

③合理用料,提高材料利用率;

④改善技术操作方法,推广节约材料的先进经验,广泛采用现代科学技术新成果;

⑤制订材料消耗定额,并实行限额领料制度,保证材料消耗定额的执行。

3)提高劳动生产率

提高劳动生产率不仅使单位时间完成的工程量增加,而且会使固定耗费相对下降,从而达到降低成本的目的。提高劳动生产率主要有以下途径:

①提高职工的技术水平和劳动熟练程度;

②改进劳动组织和经营组织,改革和完善劳动用工制度;

③推行经济责任制,将物资利益和职工贡献挂钩。

4)提高设备利用率

提高设备利用率,就是合理利用机械设备,充分发挥机械设备的效能。提高机械设备利用率,不仅可以加快工程项目的进度,同时可以降低单位工程成本中的折旧费用的含量。提高设备利用率主要有以下途径:

①认真做好工程施工中的组织和调配,合理使用机械设备,尽量减少设备的非生产时间,增加其有效作业时间;

②积极进行设备的革新和改造,借以提高设备的效能;

③严格执行设备的技术操作规程,加强机械设备的保养和维修,使设备处于良好的运转状态;

④提高工人的技术水平和劳动熟练程度,以提高机械设备的使用效率。

5)强化监督管理和现场管理

在项目施工过程中,负责某一项目的项目经理要安排有关专业人员对施工现场进行监督,定期检查成本计划的执行情况,并且定期召开项目管理会议,检查成本计划的执行情况,分析导致成本下降或上升的因素,加强施工阶段的监督,寻求降低成本的途径。

6)发挥激励机制,激发职工增产节约的积极性

应从项目的实际出发,选择适合项目和企业特点的激励机制,真正起到促进增产节约的作用。如对关键工序施工的关键班组实行重奖重罚,对材料损耗特别大的工序由生产班组直接承包,实行钢模零件和脚手架的有偿回收等。

7)落实技术组织措施

从项目的技术和组织方面进行全面设计,确定降低成本的途径。技术措施要以技术优势取得经济效益,从施工作业所涉及的生产要素方面进行设计,以降低消耗为宗旨;组织措施主要从施工管理方面进行筹划,以降低固定成本,减少非生产性损失,提高劳动效率和组织管理效果为宗旨。

8)深化设计,主动变更

· 11.2.2 工程成本控制的方法 ·

成本控制的方法主要解决怎样控制成本的问题,根据成本控制的不同对象、不同目的和不同要求,应采用不同的成本控制方法。成本控制方法有目标成本控制法、定额成本控制法、标准成本控制法、价值工程成本控制法、责任成本控制法等。本节主要介绍目标成本控制法和定额成本控制法。成本控制的其他方法如标准成本控制法将在下节介绍。

1)目标工程成本控制法

目标成本控制法是以目标成本作为成本控制的依据,目标成本是根据工程的性能、质量、价格和目标利润确定的企业在一定时期内应达到的成本水平。目标成本是由企业根据业主所能接受的价格和企业经营目标规定的目标利润来确定的,一般采用倒算的方法匡算出目标单位成本,计算如下:

目标成本 = 预计合同收入 − 税金 − 目标利润

目标单位成本 = 预计单价 × (1 − 税率) − 预计单位合同收入的目标利润

目标成本控制是根据目标成本来控制成本的活动,企业将目标成本指标作为奋斗目标,提出降低成本的措施,寻求降低成本的方向和途径,使实际成本符合目标成本的要求,并不断地降低成本。

2)定额工程成本控制法

定额成本控制法是以定额作为控制成本的依据,它是为了及时地反映和控制生产费用和工程成本脱离定额标准而采取的一种方法。它是在生产费用发生的当时,就将符合定额的耗

费和发生的差异分别核算,是以工程的定额成本为基础,加减定额差异,来计算工程的实际成本。通过事前制订定额成本,事中按定额成本进行控制,事后计算定额差异和分析差异责任的过程,来达到成本核算与成本控制相结合、不断降低成本的目的。

工程的定额成本是以现行消耗定额为根据计算出来的工程成本,是企业在现有生产条件和技术条件下所应达到的成本水平。定额成本控制首先要根据工程项目制订工程的材料消耗、工时消耗定额,并根据材料费的计划单价和各项消耗定额、计划工资率或计件工资单价,计算出该工程项目的材料费和人工费用。其次,将间接费用预算数按一定标准分摊到各工程中而计算出工程的间接成本。最后,将直接成本和间接成本相加,从而得出该工程项目的定额成本。

工程项目定额成本制订以后,要按定额进行施工,定额成本在执行中如果发现差异就应及时地揭示差异,并追查产生差异的原因和责任,采取有效措施,消除不利差异的影响。

11.3　标准工程成本控制

企业根据可能达到的作业标准事先定出标准成本,并把实际成本与标准成本相比较,揭示出成本差异,分析形成差异的原因和责任,对成本实行有效控制,以实现目标利润。标准成本管理包括标准成本计算、成本差异分析和成本差异处理 3 部分内容。

· 11.3.1　标准工程成本的作用 ·

所谓标准成本,是指在现有的生产技术水平和有效的经营管理条件下,经过努力而应达到的先进可靠的成本标准,是一种预期的成本标准。标准成本主要有以下几方面作用。

1) 加强工程成本控制

标准成本是在项目施工前,对构成成本项目的材料费、人工费、机械使用费、其他直接费及其间接费用进行预计,按科学方法制订出单位工程成本耗用的数量标准和价格标准,它提供了一个具体衡量成本水平的尺度。

2) 分清各部门责任

由于标准成本的每个成本项目都采用单独的价格标准和用量标准,企业管理者可以及时掌握实际成本同预定目标之间各成本项目的差异的责任归属,从而进行成本控制。

3) 提供决策依据

由于标准成本是企业所希望达到的预定成本目标,它剔除了各种不合理的因素,因此,可以作为确定工程价格的基础,为今后同类工程的投标报价提供决策依据。

4) 简化工程成本核算

采用标准成本,对于施工过程中消耗的材料费用、人工费用都改用标准成本进行记账,可以大大简化账务处理。

· 11.3.2　标准工程成本的制订 ·

标准成本的制订应按材料费用、人工费用和间接费用 3 个成本项目分别进行。

1）材料费用标准成本

材料费用的标准成本根据材料的用量标准乘以单位价格标准计算确定。其计算公式如下：

$$材料费用标准成本 = 材料用量标准 \times 单位价格标准$$

①材料费用的用量标准一般是根据产品设计资料，计算出产品的材料用量，再根据过去的实际情况，考虑不可避免的损失确定。

②材料费用的价格标准是根据材料的买价，运杂费、运输途中的合理损耗、入库前的挑选整理费等平均水平确定。

2）人工费用标准成本

人工费用的标准成本根据材料的单位产品工时标准乘以小时工资率标准计算确定。其计算公式如下：

$$人工费用标准成本 = 小时工资率标准 \times 单位产品的工时标准$$

①单位产品的工时标准是根据对时间、动作进行研究，结合现有生产技术条件确定的。包括直接生产工时、必要的间歇停工工时以及不可避免的废品耗用工时等。

②小时工资率标准是根据工资标准确定的，以每小时的人工单价表示。

3）间接费用的标准成本

由于间接费用按与工程量的关系分为变动间接费用和固定间接费用，因此间接费用的标准成本也应分别制订。

（1）变动间接费用的标准成本

在变动间接费用的标准成本中，用量标准是单位产品的工时标准，价格标准是变动间接费用分配率标准。其计算公式如下：

$$变动间接费用标准成本 = 变动间接费用分配率标准 \times 单位产品的工时标准$$

$$变动间接费用分配率标准 = \frac{变动间接费用预算}{生产工时}$$

（2）固定间接费用的标准成本

在固定间接费用的标准成本中，用量标准是单位产品的工时标准，价格标准是固定间接费用分配率标准。其计算公式如下：

$$固定间接费用标准成本 = 固定间接费用分配率标准 \times 单位产品的工时标准$$

$$固定间接费用分配率标准 = \frac{固定间接费用预算}{生产工时}$$

4）合同项目标准成本

材料费用标准成本、人工费用标准成本和间接费用标准成本制订以后，将上述 3 项成本项目汇总起来，即为合同项目标准成本。其计算公式如下：

$$合同项目标准成本 = 材料费用标准成本 + 人工费用标准成本 + 间接费用标准成本$$

·11.3.3 工程成本差异的计算与分析·

1)成本差异计算的通用模式

成本差异是实际成本与标准成本的差额。将实际成本与标准成本比较,实际成本小于标准成本的差额,称为节约差异,又称有利差异。实际成本大于标准成本的差额,称为超支差异,又称不利差异。消除不利差异是成本控制的着力点。

由于标准成本是根据标准用量和标准价格计算的,而实际成本是根据实际用量和实际价格计算的,因此,尽管形成的差异的原因很多,归纳起来则不外乎数量差异和价格差异。差异计算的通用模式如下:

$$
\begin{array}{l}
(1)实际数量 \times \\
\quad 实际价格 \\
(2)实际数量 \times \\
\quad 标准价格 \\
(3)标准数量 \times \\
\quad 标准价格
\end{array}
\left\{
\begin{array}{l}
(1)-(2) \\
价格差异 \\
\\
(2)-(3) \\
数量差异
\end{array}
\right.
\left\{
\begin{array}{l}
材料价格差异 \\
工资率差异 \\
变动间接费用差异 \\
\\
材料数量差异 \\
人工效率差异 \\
变动间接费用效率差异
\end{array}
\right\}
\left.
\begin{array}{l}
(1)-(3) \\
总差异
\end{array}
\right.
$$

2)材料费用成本差异计算与分析

材料费用成本差异是指材料费的实际成本与标准成本之间的差额,包括材料费用的用量差异和价格差异。用量差异是实际用量与标准用量之间的差额。价格差异是指实际价格与标准价格之间的差额。其计算公式如下:

材料用量差异 = (实际用量 - 标准用量) × 标准价格

材料价格差异 = 实际用量 × (实际价格 - 标准价格)

材料成本差异 = 材料用量差异 + 材料价格差异

【例11.1】 某合同项目所耗甲材料的标准价格为8元/kg,实际价格为7.5元/kg,标准用量为6 000 kg,实际用量为5 400 kg,试计算成本差异。

材料用量差异 = (5 400 - 6 000)kg × 8 元/kg = -4 800 元

材料价格差异 = (7.5 - 8)元/kg × 5 400 kg = -2 700 元

材料成本差异 = -4 800 元 + (-2 700)元 = -7 500 元

上例成本差异为负值,表明成本差异为有利差异。

形成材料用量差异的主要原因有:

①生产技术的原因,如产品设计的变更、间接工艺的改造;

②机械设备性能方面的原因,如个别设备性能不良,造成材料使用中的过量耗费;

③材料的质量、规格不符合要求,如材料进货质量不符合要求等;

④工人操作方面的原因,如工人责任心不强,技术水平低等;

⑤加工搬运中的损坏等。

形成材料价格差异的主要原因有:

①购入材料价格的影响;

②运输地点和运输方式差异的影响;

③材料在途损耗的影响;

④材质优劣和采购费用高低的影响等。

通过价差和量差的分析,有关部门应采取有效措施,扭转材料成本的不利差异。

3）人工费用成本差异计算与分析

人工费用成本差异是指人工费的实际成本与标准成本之间的差额,包括直接人工的用量差异和价格差异。用量差异是实际的人工工时脱离标准而形成差异,称人工效率差异。价格差异是指实际小时工资率脱离标准而形成的差异,称人工工资率差异。其计算公式如下:

人工效率差异 =（实际工时 – 标准工时）×标准工资率

人工工资率差异 = 实际工时 ×（实际工资率 – 标准工资率）

人工费成本差异 = 人工效率差异 + 人工工资率差异

【例11.2】 某施工企业生产甲产品20 000件,实耗6 000工时,每件产品耗用0.3工时,实际发生的工资总额为6 000元,平均实际工资率为1元/工时,现行标准工资率为0.8元,单位产品的工时耗用标准为0.25工时,试计算直接人工成本差异。

人工效率差异 = (6 000 – 0.25 × 20 000) × 0.8 元 = 800 元

$$人工工资率差异 = \left(\frac{6\ 000}{6\ 000} - \frac{0.25 \times 0.8 \times 20\ 000}{5\ 000} \right) \times 6\ 000\ 元 = 1\ 200\ 元$$

直接人工成本差异 = 800 元 + 1 200 元 = 4 000 元（不利差异）

人工效率差异是考核每个工时生产能力的指标,是生产效率高低的具体表现。影响人工效率差异的主要原因有:

①产品设计改进、工艺过程变化;

②加工手段和设备状况的改变;

③加工批量变动引起的准备时间长短的变化;

④材料供应不合规格造成加工时间延长;

⑤项目部管理不善,造成工时浪费;

⑥生产工人劳动纪律不严、劳动态度不好和熟练程度差造成的工时浪费;

⑦技术革新措施应用好坏形成工时耗费的增减等。

影响工资率的原因主要有以下几个方面:

①企业工资总额的变动和生产工时总额的变动。

②影响工资总额的因素是职工人数的增减、工人工资的调整、工资级别结构变化、工资性津贴的变化、工龄的长短等。

③影响生产工时总额的因素是出勤率和工时利用率的高低。出勤率越高,施工性工时越多,施工工时总额就越大,小时工资率也就越小。反之,出勤率和工时利用率越低,小时工资率就越大。

4）间接费用成本差异计算与分析

间接费用差异计算与分析,应按变动间接费用和固定间接费用分别进行。

（1）变动间接费用差异计算与分析

变动间接费用成本差异是指变动间接费用实际成本与变动间接费用标准成本之间形成的差额,由用量差异和价格差异两部分组成。用量差异是实际的人工工时脱离标准而形成的差异,称效率差异。价格差异是实际的变动间接费用分配率脱离标准而形成的差异,称耗费差异。其计算公式如下：

$$\begin{matrix}变动间接费\\用效率差异\end{matrix}=\left[\begin{matrix}实际\\工时\end{matrix}-\begin{matrix}标准\\工时\end{matrix}\right]\times\begin{matrix}变动间接费用\\标准分配率\end{matrix}$$

$$\begin{matrix}变动间接费\\用耗费差异\end{matrix}=\begin{matrix}实际\\工时\end{matrix}\times\left[\begin{matrix}变动间接费用\\实际分配率\end{matrix}-\begin{matrix}变动间接费用\\标准分配率\end{matrix}\right]$$

$$\begin{matrix}变动间接费\\用成本差异\end{matrix}=\begin{matrix}变动间接费\\用效率差异\end{matrix}+\begin{matrix}变动间接费\\用耗费差异\end{matrix}$$

【例11.3】 某施工企业生产甲产品20 000件，实耗6 000工时，单位产品的工时耗用标准为0.25工时，共发生变动间接费2 200元，变动间接费标准分配率为每直接人工工时0.4元，试计算变动间接费用差异。

$$变动间接费用实际分配率=\frac{2\ 200\ 元}{6\ 000\ 工时}=0.37\ 元/工时$$

$$变动间接费效率差异=(6\ 000-0.25\times20\ 000)\times0.4=400\ 元(不利差异)$$

$$变动间接费耗费差异=(0.37-0.4)\times6\ 000=-180\ 元(有利差异)$$

$$变动间接费用差异=400-180=220\ 元(不利差异)$$

变动间接费效率差异是反映工时利用对间接费用开支的影响，产生变动间接费用效率差异的主要原因是在工时耗费的增减上，如工程处管理不善，劳动纪律松弛，技术革新开展不利，以及产品、工艺、设备的改变，材料供应不良等造成的工时损失。

变动间接费用耗费差异反映各项费用明细在用量方面的浪费或节约，其差异分析应按费用细目逐一计算和分析，查明原因，以便采取相应的措施。

（2）固定间接费用差异计算与分析

固定间接费用成本差异是指固定间接费用实际成本与固定间接费用标准成本之间形成的差额。固定间接费用差异计算与分析有两差异法和三差异法。

● 两差异法 两差异法就是将固定间接费用差异分为用量差异和能量差异两部分。固定间接费用用量差异是指实际固定间接费用与固定间接费用预算之间的差异。固定间接费用能量差异是指固定间接费用预算与固定间接费用标准成本之间的差异。其计算公式如下：

$$\begin{matrix}固定间接费\\用用量差异\end{matrix}=\begin{matrix}实际固定\\间接费用\end{matrix}-\begin{matrix}固定间接\\费用预算\end{matrix}$$

$$\begin{matrix}固定间接费\\用能量差异\end{matrix}=\begin{matrix}固定间接\\费用预算\end{matrix}-\begin{matrix}固定间接费\\用标准成本\end{matrix}$$

$$\begin{matrix}固定间接费\\用成本差异\end{matrix}=\begin{matrix}固定间接费\\用用量差异\end{matrix}+\begin{matrix}固定间接费\\用能量差异\end{matrix}$$

● 三差异法 三差异法就是将固定间接费用差异分为用量差异、能量差异和效率差异。它是把两差异法中的"能量差异"分解为纯能量差异和效率差异两部分，以便更准确地分析固定间接费用成本差异形成的原因。其计算公式如下：

$$\begin{matrix}固定间接费\\用用量差异\end{matrix}=\begin{matrix}实际固定\\间接费用\end{matrix}-\begin{matrix}固定间接\\费用预算\end{matrix}$$

$$\begin{matrix}固定间接费\\用能量差异\end{matrix}=\left[\begin{matrix}生产\\能量\end{matrix}-\begin{matrix}实际\\工时\end{matrix}\right]\times\begin{matrix}固定间接费用\\标准分配率\end{matrix}$$

$$\begin{array}{l}\text{固定间接费}\\\text{用效率差异}\end{array}=\left[\begin{array}{l}\text{实际}\\\text{工时}\end{array}-\begin{array}{l}\text{标准}\\\text{工时}\end{array}\right]\times\begin{array}{l}\text{固定间接费用}\\\text{标准分配率}\end{array}$$

$$\begin{array}{l}\text{固定间接费}\\\text{用成本差异}\end{array}=\begin{array}{l}\text{实际固定}\\\text{间接费用}\end{array}+\begin{array}{l}\text{固定间接费}\\\text{用标准成本}\end{array}+\begin{array}{l}\text{固定间接费}\\\text{用效率差异}\end{array}$$

【例 11.4】 某施工企业生产甲成品 20 000 件,实耗 6 000 工时,单位产品的标准为 0.25 工时,本期的固定间接费用预算为 4 080 元,计划工时为 6 800 工时,实际固定间接费为 4 800 元,试用三差异法计算固定间接费用差异。

$$\text{固定间接费标准分配率}=\frac{4\,080\,\text{元}}{6\,800\,\text{工时}}=0.6\,\text{元/工时}$$

$$\text{固定间接费用用量差异}=(4\,800-4\,080)\,\text{元}=720\,\text{元(不利差异)}$$

$$\text{固定间接费用能量差异}=4\,080\,\text{元}-(0.6\times6\,000)\,\text{元}=480\,\text{元(不利差异)}$$

$$\text{固定间接费用效率差异}=(6\,000-0.25\times20\,000)\,\text{工时}\times0.6\,\text{元/工时}=600\,\text{元(不利差异)}$$

$$\text{固定间接费用差异}=(720+480+720+600)\,\text{元}=1\,800\,\text{元(不利差异)}$$

固定间接费用效率差异是由于实际耗用的实际工时与标准工时不同而引起的,其差异分析的重点应放在施工过程中的工时利用效率方面。造成固定间接费用出现不利差异的原因,主要是各项计划外开支的失控,其差异分析的重点应放在失控费用的分析上,对失控费用的分析应采用可控性与不可控性的分类分析方法。固定间接费用能量差异是生产能力预期利用水平同实际利用水平不一致而引起的,而影响能量差异的原因是多方面的。属于企业自身可控的有:机器设备故障,生产组织不善造成的临时停工待料,工人水平低未能充分发挥设备的效能等;属于企业不可控的有:工程开工不足,电力短缺造成的多次生产性停电,资金短缺无法及时购入生产资料,运输误期等宏观经营环境的影响。

小结 11

工程成本控制是一种经济控制,是根据预定的成本目标,对企业生产经营过程中的劳动耗费进行约束和调节,找出偏差,采取措施及时纠正,以实现预定的成本目标,达到成本的不断降低,提高经济效益。

企业进行工程成本控制,必须按一定的步骤进行。成本控制的程序主要包括制订成本控制标准、实施成本控制、揭示差异、分析成本控制的效果等。

工程成本控制的原则是进行成本控制的行为规范,它体现了成本控制的特点。工程成本控制的原则有:全面性原则、效益性原则、责权利相结合原则、分级控制原则和例外管理原则。

为了达到降低工程成本目标,保证企业工程成本降低总目标的实现,必须选择一些降低成本的途径。由于各施工项目的工程特点不同,应通过进行可行性研究,正确选择施工方案;降低材料消耗;提高劳动生产率;提高设备利用率;强化监督管理和现场管理;发挥激励机制,激发职工增产节约的积极性;落实技术组织措施等途径来实现降低工程成本的目标。

工程成本控制的方法主要解决怎样控制成本的问题,应根据成本控制的不同对象、不同目的和不同要求,采用不同的成本控制方法。

标准工程成本是指在现有的生产技术水平和有效的经营管理条件下,经过努力而应达到的先进可靠的成本标准,是一种预期的成本标准。标准工程成本是企业根据生产经营的具体条件,在进行认真分析研究的基础上制订的。

工程成本差异是实际成本与标准成本的差额,其表现形式分有利差异和不利差异。成本差异的计算与分析包括直接材料差异、直接人工差异、变动间接费用差异、固定间接费用差异的计算与分析。其中,固定间接费用差异是指固定间接费用实际成本与固定间接费用标准成本之间形成的差额。固定间接费用差异有两差异法和三差异法。两差异法是将固定间接费用差异分为用量差异和能量差异两部分;三差异法就是将固定间接费用差异分为用量差异、能量差异和效率差异。

复习思考题 11

11.1　什么是工程成本控制? 加强工程成本控制有何意义?

11.2　工程成本控制的程序有哪些?

11.3　为规范工程成本控制的行为,应遵循的原则有哪些?

11.4　工程成本控制有哪些方法?

11.5　什么是标准工程成本? 标准工程成本有哪些作用?

11.6　如何制订标准工程成本?

11.7　练习各种成本差异的计算。

(1)资料:某企业生产乙产品材料标准用量为 4 kg,每千克标准价格为 5 元,每千克直接材料需用 1.5 工时进行加工处理,每小时标准工资率为 5.5 元,每件产品间接费用的标准成本为 30 元。间接费用预算按下列方式确定:间接费用预算 = 45 000(全月) + 直接人工工时 × 2 元。

本月共生产乙产品 2 400 件,实际用料 9 960 kg,实际发生工时 14 000 工时。全月发生的实际成本:材料费 50 298 元,人工费 78 648 元,变动间接费用 28 980 元,固定间接费用43 800元。

(2)要求:根据以上资料进行有关的差异计算。

12 工程成本会计报表的编制与成本分析

本章导读

- 基本要求 了解工程成本报表的种类和编制的作用,熟悉工程成本报表主要报表的项目和内容,掌握工程成本报表成本分析的方法。
- 重点 工程成本报表成本分析的方法。
- 难点 成本分析的成本项目分析。

工程成本会计报表是依据日常成本核算资料定期编制的,用以反映建筑企业成本水平,分析和考核建筑企业在一定时期内的工程成本和费用计划执行情况及其结果的会计报表。在企业会计报表体系中,依据现代会计制度,成本报表不作为企业向外报送的会计报表,主要是为了满足企业内部管理需要的内部会计报表。因此,工程成本会计报表的种类、格式和内容可根据建筑企业生产经营特点和管理要求自行确定。

12.1 工程成本会计报表的作用和种类

·12.1.1 工程成本会计报表的作用·

编制工程成本会计报表是工程成本会计的一项重要内容。工程成本会计报表的作用主要表现在以下几个方面。

1)全面反映企业的成本和费用状况

工程成本会计报表是反映企业工程施工各方面工作质量的一项综合性报表。企业工程施工中资源耗费的多少、技术水平的高低、劳动效率的高低、设备利用的高低、产品质量的优劣、资金周转的快慢及外部环境的变化等都会直接或间接地影响到工程成本的升降。

2)为制订工程成本计划提供依据,为企业经营决策提供依据

工程成本计划是在上年度工程成本费用实际水平的基础上,结合上年度工程成本费用计划或预算的执行情况,考虑计划年度有可能出现的各种有利和不利因素制订的。所以上年度工程成本会计报表所提供的信息资料,是制订下年度工程成本费用计划的参考依据。此外,管理部门还可以根据工程成本报表对未来时期的成本费用进行预测,为工程施工制订正确的经

营决策和加强成本控制提供依据。

3)可以评价和考核成本管理业绩的依据

工程成本会计报表提供的信息,及时反映了工程成本的升降情况和变动趋势,从而为工程成本的分析和考核提供依据,明确各责任单位的执行计划和费用预算的成绩和责任,有利于及时总结工程施工过程中的经验教训,以便采取措施改进施工与管理工作。

4)利用工程成本会计报表资料进行成本分析

对工程成本会计报表进行分析,可以揭示成本差异对产品成本升降的影响程度,及时发现产生差异的原因和责任,以便有针对性地采取措施,进一步挖掘降低成本的潜力。

· 12.1.2   工程成本会计报表的种类 ·

成本报表按不同行业分,可分为施工企业的成本报表(包括工程成本表、竣工工程成本表和施工间接费用明细表等)、工业企业的成本报表(包括产品成本表、主要产品单位成本表、制造费用明细表、管理费用明细表、财务费用明细表、营业费用明细表等)、房地产企业的成本报表(包括在建开发产品成本表、完工产品成本表),等等。下面重点介绍施工企业的成本报表。

1)按反映的经济内容的不同分类

按工程成本报表反映的经济内容的不同可分为成本报表和费用报表。

• 成本报表   它是反映工程成本的构成及升降情况的报表,如工程成本表、竣工工程成本表和施工间接费用明细表等。

• 费用报表   它是反映期间费用的构成及升降情况的报表,如管理费用明细表、财务费用明细表等。

2)按编制的时间不同分类

工程成本报表按编制的时间不同可分为月报、季报和年报。

• 月报   它是按月编制的,反映企业一个月的成本和费用情况的报表。

• 季报   它是按季编制的,反映企业一个季度的成本和费用情况的报表。

• 年报   它是年终决算报表,反映建筑企业全年度的成本和费用情况的报表。

3)按编制的范围分类

工程成本会计报表按编制的范围不同可分为公司成本报表、项目部成本报表和班组成本报表。

• 公司成本报表   它是反映建筑企业会计期间的成本和费用情况的报表。

• 项目部成本报表(施工队成本报表)   它是反映项目部(施工队)会计期间的成本和费用情况的报表。

• 班组成本报表   它是反映班组会计期间的成本和费用情况的报表。

4)财务状况说明书

为了分析建筑企业财务成本计划的执行情况,提出今后加强施工生产管理的具体措施和意见,建筑企业在编制季度、年度工程成本报表的同时,还应编制"财务情况说明书"。该说明书应主要说明:建筑企业的施工生产经营状况、成本计划的完成情况、成本的构成和节约超支情况,以及提高资金使用效果、降低成本的主要措施和意见。

工程成本会计报表的种类、格式、编制方法和报送日期等,应由企业内部的会计制度做统一规定。

· 12.1.3　工程成本报表的编制要求 ·

为了提高工程成本报表的质量,充分发挥工程成本报表的作用,应遵循以下的编制要求。

1)真实性

工程成本报表的指标数字必须真实可靠,能如实地集中反映企业实际发生的成本费用。为此,成本报表必须根据审核无误的账簿资料编制,不得随意使用推算或估算的数据,更不得弄虚作假,篡改数字,也不能为赶编工程成本报表而提前结账。

2)完整性

应按照企业内部会计制度规定的报表种类、格式和内容填报,不得漏编或漏报。各种报表中的项目和补充资料,也应填写齐全,同时还应按规定编制"财务情况说明书"。

3)准确性

准确性是指报表中的数据必须真实、准确、可靠。为此,在编制报表前应做好以下各项准备工作:做好资产清查;认真核对账目,结清账项;做到账实、账证、账卡相符。编制报表后还应检查账表是否相符,表表是否相符。只有这样,才能保证报表中的数据和各项指标准确可靠。

4)及时性

及时性是指按规定日期报送成本报表。报表的时效性很强,必须在规定的期限内迅速编制,及时报送,才能满足使用者的要求,才能充分发挥成本报表应有的作用。

12.2　工程成本会计报表的编制

· 12.2.1　工程成本表 ·

工程成本表是反映施工单位在一定时期(月份、季度、年度)内,已完工程成本情况的会计报表。通过该表提供的资料,可以了解施工单位已完工程的成本构成及升降情况,有利于考核成本计划的执行情况和结果。

工程成本表应按工程成本项目分别列示,分别反映本期及本年各成本项目及总成本的预算数、实际数、降低额和降低率。其示例如表 12.1 所示。

表 12.1　工程成本表

编制单位:××施工单位　　　　　　　　2017 年 12 月　　　　　　　　　　　单位:元

成本项目	本期数				本年累计数			
	预算成本	实际成本	降低额	降低率/%	预算成本	实际成本	降低额	降低率/%
人工费	179 240	190 900	− 11 660	− 6.5	2 008 769	1 626 045	382 724	19.1
材料费	13 235	1 204 323	119 270	9.0	13 430 677	14 288 240	− 857 563	− 6.4
机械使用费	9 364 540	32 500	32 040	5.0	468 940	115 020	353 920	75.5
其他直接费	65 080	40 820	24 260	37.3	464 250	654 220	− 189 970	− 40.9
施工间接费	165 231	231 501	− 66 270	− 40.1	921 000	943 690	− 22 690	− 2.5
工程总成本	1 797 684	1 700 044	97 640	5.4	17 293 636	17 627 215	− 333 579	− 1.9

工程成本表中的各栏目的填列方法如下：

● 预算成本　预算成本指已完工程的预算成本，根据实际完成的工程量，并按照施工图预算所列单价、其他直接费用和施工间接费用取费标准等计算填列，也可直接根据预算成本计算表中有关数据填列。

● 实际成本　实际成本指已完工程的实际成本，根据建筑安装工程成本明细账中有关数据填列。

● 降低额　降低额是指预算成本减去实际成本的差额，如为负数，则反映工程成本超支。

● 降低率　降低率可按下列公式计算：

$$某项目成本降低率 = \frac{本项目成本降低额}{本项目预算成本} \times 100\%$$

·12.2.2　竣工工程成本表·

企业或其所属内部独立核算的施工单位应定期编制竣工工程成本表，用以反映每一季度和年度内已经完成工程设计文件所规定的全部工程内容，以及已与发包单位办理移交和竣工结算手续的工程的全部成本情况。

设置本表是为了反映施工单位竣工工程自开工时起至竣工时止的全部成本及其节约或超支情况。通过竣工工程成本的计算，可以积累工程成本资料，研究同类工程的成本水平。同时通过竣工工程当年预算成本同工程成本表中当年结算的工程预算成本相比较，可以分析施工单位的竣工率和反映施工单位的工程建造速度。

竣工工程成本表包括"工程名称""竣工工程量""预算成本""实际成本""成本降低额"和"成本降低率"等栏目，其格式如表 12.2 所示。其中各栏的填列要求如下。

表 12.2　竣工工程成本表

编制单位：××施工单位　　　　　　　　　2017 年第 4 季度

工程名称	行次	竣工工程量/m²	预算成本/元		实际成本/元	成本降低额/元	成本降低率/%
			总成本	其中：上年结转			
		1	2	3	4	5	6
一、自年初至上季末止的竣工工程累计		×	8 650 000	4 700 000	8 458 000	192 000	2.22
二、本季竣工工程合计		×	4 588 000	910 000	4 236 000	352 000	7.67
其中：(按主要工程分项填列)							
1.104 合同项目(厂房)		3 000	4 588 000	910 000	4 236 000	352 000	7.67
2.204 合同项目(办公楼)							
⋮							
三、自年初起至本季末止的竣工工程累计		×	24 126 500	5 230 000	14 781 600	9 344 900	38.73

①竣工工程量：填列竣工工程的实物工程量，其计量单位以统计制度规定为准。如房屋建筑工程则填列竣工房屋建筑面积。

②预算总成本：填列各项竣工工程自开工起至竣工止的全部预算成本，根据调整后的工程

决算书填列。"其中:上年结转"一栏是填列跨年度施工工程在以前年度已办理过工程价款结算,在本季度内竣工的工程预算成本。

③实际成本:填列各项竣工工程自开工起至竣工止的全部实际成本,根据"建筑安装工程成本卡"的成本资料填列。

④本季竣工工程合计:根据本季竣工的各项工程汇总填列,其中主要工程应按成本计算对象分项填列。

⑤自年初起至上季度末止的竣工工程累计:"工程名称"栏内的第一项,即为上季度本表的第3项"自年初起至本季末止的竣工工程累计"。第一季度编制本表时,此项不填。

· *12.2.3* 施工间接费用明细表 ·

施工间接费用明细表是反映施工单位在一定时期内为组织和管理工程施工所发生的费用总额和各明细项目数额的报表。该表按费用项目分列"本年计划"和"本年累计实际"栏目。本表可以反映施工间接费用的开支情况,以及为分析施工间接费用计划完成情况和节超原因提供依据。

为了反映施工单位各期施工间接费用计划的执行情况,施工间接费用明细表应按月进行编制,其示例如表12.3所示。表中"本年计划"一栏应按当期计划数填列,12月份的施工间接费用明细表按当年计划数填列。"本年累计实际"栏可根据"施工间接费用明细账"中资料填列。

表 12.3　施工间接费用明细表

编制单位:××施工单位　　　　　　　2017 年 12 月　　　　　　　　　单位:元

费用项目	行　次	本年计划	本年累计实际
一、临时设施费		276 000	253 000
二、现场管理费		1 253 600	1 329 400
1. 管理人员工资及福利费		408 000	407 000
2. 固定资产使用费		105 800	115 000
3. 物料消耗		2 300	2 400
4. 低值易耗品使用费		136 000	160 000
5. 办公费		205 500	200 000
6. 水电费		36 000	25 000
7. 差旅交通费		150 400	162 000
8. 财产保险费		20 500	18 000
9. 劳动保护费		160 600	140 000
10. 工程保修费		20 000	18 000
11. 其他费用		8 500	82 000
合　计		1 529 600	1 582 400

财务费用明细表和管理费用明细表的编制方法及格式与施工间接费明细表的基本相同,此处不再赘述。

12.3 工程成本分析

·12.3.1 工程成本分析的作用·

工程成本分析是按照一定的原则,采用一定的方法,利用工程成本计划、工程成本核算所提供的成本指标和其他一些资料,全面地分析成本计划完成情况,从而揭示实际与计划(或预算)的差异,查明成本升降原因,寻求降低成本的途径和方法。工程成本分析是工程成本核算与成本会计报表编制工作的继续和发展。

工程成本分析的作用:可以掌握工程成本计划的完成程度及其影响工程成本的因素,评价工程成本计划的优劣,为未来时期成本计划的编制提供依据;以便总结经验教训,进一步改善工程施工管理;可以正确认识和掌握成本变动的规律性,为工程施工管理决策人作出正确的决策提供依据;可以揭示有关单位和部门在成本管理中的经验,有利于促进增产节约工作的深入开展。

·12.3.2 影响工程成本的因素·

影响工程成本形成水平的因素很多,归结起来可分为企业内部和企业外部两个方面的因素。

1)内部的因素

企业内部的因素主要有:职工的素质,包括职工的身体、思想、文化、技术等方面的水平,职工素质的高低对劳动生产率有直接的影响;物资消耗和利用水平,包括材料配比、材料使用和综合利用等是否合理等,物资消耗和利用水平直接影响材料费成本;机械设备利用程度,包括机械设备的时间利用情况和在单位时间内生产效率的高低,都会影响机械使用费成本;机构设置是否符合精简、高效的原则,生产人员和非生产人员的比例是否合适,以及费用的支出是否符合节约的要求等,都会影响施工间接费成本;工程质量的高低,也会直接影响工程成本的高低。

2)外部的因素

外部的因素主要有:施工所处的地理位置,外购材料的价格升降,施工任务和物资供应情况等,都会影响着工程成本水平的高低。

·12.3.3 工程成本分析的方法·

1)工程成本分析的技术方法

工程成本分析应借助于一定的技术方法。技术方法主要有比较分析法和因素分析法两种。

(1)比较分析法

比较分析法又称对比分析法,它是通过将分析期的实际数同某些选定的基准数(比较常用的基准数有计划数、定额数、预算数、前期或以往年度同期数等)进行对比,来揭示实际数与基准数之间的差异,借以了解成本管理中的成绩和问题的一种分析方法。其主要形式有以下几种:

①将实际数与定额数或计划数相比,可以揭示定额或计划的执行情况;

②将实际数与预算数对比,可以揭示成本的节约超支情况;

③将本期实际数与前期实际数或以往年度实际数对比,可以揭示成本的发展变化趋势。

(2)因素分析法

因素分析法是把成本综合性指标分解为若干个因素,研究各因素变动对成本指标变动影响程度的一种分析方法。因素分析法主要有连环替代法和差额分析法两种,在此重点讲述连环替代法。

运用连环替代法的基本步骤如下:

①确定分析对象;

②确定某项指标的构成因素;

③确定各个因素与该指标的关系;

④计算确定各个因素对该指标的影响程度。

假如经济指标 M 受 X,Y,Z 3 个因素影响,则关系式为 $M = X \times Y \times Z$。设计划指标 $M_0 = X_0 \times Y_0 \times Z_0$,实际指标 $M_1 = X_1 \times Y_1 \times Z_1$,该指标计划与实际的差异为 $N = M_1 - M_0$。现以 $N = M_1 - M_0$ 为分析对象,各因素变动对 N 的影响程度可按以下方法计算。

X 因素变动对 N 的影响程度:

$$X_1 \times Y_0 \times Z_0 - X_0 \times Y_0 \times Z_0 = (X_1 - X_0) \times Y_0 \times Z_0$$

Y 因素变动对 N 的影响程度:

$$X_1 \times Y_1 \times Z_0 - X_1 \times Y_0 \times Z_0 = (Y_1 - Y_0) \times X_1 \times Z_0$$

Z 因素变动对 N 的影响程度:

$$X_1 \times Y_1 \times Z_1 - X_1 \times Y_1 \times Z_0 = (Z_1 - Z_0) \times X_1 \times Y_1$$

2)工程成本分析的具体方法

工程成本分析的具体方法为:从总体上对工程成本进行综合分析,初步评价成本计划的执行情况;以单位工程为对象,分析单位工程成本计划的执行情况;分析各成本项目的数量差异与价格差异因素,查明成本节约或超支的原因。

(1)工程成本的综合分析

工程成本的综合分析是对成本计划的完成情况进行总的评价,初步揭示成本计划的完成情况和原因,为进一步查明成本升降原因指明方向。工程成本的综合分析一般采用比较分析法,主要形式有:实际成本与预算成本比较,用以检查成本的超支和节约情况;实际成本与计划成本比较,用以检查是否完成成本计划规定的降低成本指标,以及技术组织措施计划和间接成本计划的执行情况及其产生的经济效果;本期成本与前期或某一基期成本比较,用以检查工程施工管理的改进情况等。

(2)按工程成本项目进行分析

为了进一步查明工程成本节约超支的具体原因,在综合分析的基础上,还应按成本项目进行具体的分析。

● 材料费项目分析　材料费项目分析的主要依据是工程预算、材料计划价格和材料实际成本等,通过实际与预算的对比,找出材料费节约或超支的原因。引起材料费节超的主要因素有数量差和价格差。数量差(耗用量差)即实际耗用数量与定额用量的差异;价格差即材料实际价格与材料计划价格的差异。

某施工单位 2017 年度主要材料耗用量差异分析、价格差异分析与材料费分析分别见表 12.4、表 12.5、表 12.6 所示。

表 12.4　主要材料用量差异分析表

材料名称	规　格	单　位	材料用量		数量差异		
			定　额	实　际	节超数量	单价/元	节超额/元
钢筋		t	3 000	2 550	−50	4 000	−200 000
水泥	（略）	t	6 000	5 400	−600	180	−108 000
红砖 ⋮		千块	12 000	11 750	−250	176	−44 000
合　计							−352 000

表 12.5　主要材料价格差异分析表

材料名称	规　格	单　位	计划单价/元	实际单价/元	价格差异/元	实际耗用量	由于价差影响材料成本/元
钢筋		t	4 000	3 980	−20	2 550	−51 000
水泥	（略）	t	180	178	−2	5 400	−10 800
红砖 ⋮		千块	176	179	+3	11 750	+35 250
合　计							−26 550

表 12.6　材料费分析表

预算成本/元	实际成本/元	成本降低额/元	降低率/%	其　中			
				量　差		价　差	
				金额/元	比例/%	金额/元	比例/%
13 192 000	12 813 450	−378 550	−2.86	−352 000	−2.66	−26 550	−0.20

由以上资料可知,该施工单位材料成本降低额为 378 550 元,降低率为 2.86%,其中属于材料数量差异的因素发生的降低额为 352 000 元,属于价格差异的因素发生的降低额为26 550元。说明该单位材料成本降低的主要因素是材料数量的节约。

影响材料费节超的原因很多,应从以下几个方面进行重点分析:是否做好材料验收、保管和发放工作,防止材料短缺、损坏和丢失;是否充分利用和代用材料,做到修旧利废、物尽其用;是否认真执行材料消耗定额,节约材料消耗;是否认真采取各项技术组织措施,并收到预期的效果等。

• 人工费项目分析　人工费项目分析的主要依据是人工费预算成本和实际成本,通过实际成本与预算成本的对比来分析人工费节超的原因。影响人工费节超的因素主要有:工日差,即实际耗用工日数同定额工日数的差异;日工资标准差,即建安工人日平均工资与定额规定的日平均工资的差异。

某施工单位 2017 年度人工费分析如表 12.7 所示。

表 12.7　人工费分析表

项　目	单　位	定　额	实　际	差　异
建安工人平均工资等级	级	3.7	3.5	−0.2
建安工人日平均工资	元	18.8	18.36	−0.44
工程用工数	工日	346 682	366 803	+20 121
人工费成本	元	6 517 622	6 734 503	+216 881

上述资料表明,人工费超支 216 881 元,其中:由于平均技术等级低,工程用工超支数 20 121 日,因而超支人工费 378 275 元(20 121 工日 ×18.8 元/工日);由于日人工费标准低于定额0.44 元,因而节约人工费 161 393 元(366 803 工日 ×0.44 元/工日)。

影响人工费节超的原因除按上述分析外,还应从工资构成的变化、平均工资和技术等级的升降、技普工比例和工种之间的平衡、技术工人用工和辅助用工数量的增减、工时利用的水平和工效高低等方面,深入分析主客观原因。

● 机械使用费分析　企业施工机械分自有和租赁两种,故机械使用费也要采取不同的方法进行分析。自有机械由于类别、数量比较多,为减少分析工作量,对于大型和重点核算机械可按前述方法进行分析。租赁机械在使用时要支付台班费,停用时要支付停置费,因此应着重分析台班利用率和机械实际效能,即要分析台班产量定额的工效差和台班费用的成本差等。一般机械可综合进行分析。在机械使用费分析中,在上述分析的基础上,还应重点分析:机械化程度的变化、机械利用效率的高低、油料消耗定额的执行情况、机械设备完好率和利用率情况,以及因管理不善所造成的各种损失等。

● 其他直接费分析　主要分析其他直接费中各项费用节超的情况及原因,分析的方法是以预算收入(包括预算用量)与实际成本(包括实际用量)进行比较,从而找出原因,改进管理。

● 施工间接费分析　间接费的节约或超支,主要受两个因素的影响,一是完成施工产值的大小对预算收入的影响,二是施工管理水平及费用支出的控制力度对费用支出的影响。其分析方法为:实际开支数与预算收入数比较,确定间接费用的节约额或超支额;实际开支数与计划开支数比较,检查是否完成成本计划规定的降线指标。由于间接费中大部分项目的开支数是相对固定的,如管理人员工资、办公费、差旅费、折旧及修理费等,一般不随施工产量的增减而变动,所以按预算收入数考核实际支出的水平,往往不能真实反映间接费节超的真实水平,因此,在分析时除将实际开支与预算收入比较外,还应将实际发生数与计划开支数进行对比,才可以全面地反映其超支节约的真实情况。

某施工单位 2017 年度间接费分析如表 12.8 所示。

从表 12.8 可以看出,实际数比计划数节约 24 400 元,计划执行情况较好。但从费用明细项目来看,工资与福利费、折旧与修理费、其他项目等均有超支现象,应进一步深入分析这几项费用超支的原因,从而采取措施,加强管理,节约今后的费用开支。

施工间接费应重点分析以下内容:非生产人员的数量是否超过上级下达的定员指标,非生产用工现象是否得到改善;是否严格执行国家财政制度和费用开支标准,切实加强费用计划管理;是否按规定标准发放和有效使用低值易耗品,做到修旧利废、物尽其用。

表 12.8 施工间接费分析表　　　　　　　　　　单位:元

项目费用	计划数	实际数	差　额
1. 管理人员工资及福利费	300 000	303 000	+3 000
2. 办公费	106 500	100 000	-6 500
3. 差旅费	240 800	234 000	-6 800
4. 固定资产使用费	104 500	105 000	+500
5. 低值易耗品使用费	156 000	153 000	-3 000
6. 劳动保险费	140 800	140 200	-600
7. 保险费	20 200	17 200	-3 000
8. 水电费	25 000	18 000	-7 000
9. 工程保修费	20 000	18 000	-2 000
10. 其他费用	71 000	72 000	+1000
合　计	1 184 800	1 160 400	-24 400

工程成本的分析,除了上述内容外,还应从以下几个方面对工程成本进行全面的分析:分析技术组织措施计划的完成情况,找出完成或未完成计划的原因,进一步挖掘节约潜力;分析合理化建议、技术革新对降低成本的作用和影响,检查有无片面追求节约而不顾质量的现象;分析开展样板工程对降低成本的作用和影响;分析实行奖励制度对降低成本的作用和影响,检查有无因奖金计发不当而影响成本的现象;分析预算成本的高低,检查有无高估多算等不合理的降低成本现象。

小结 12

工程成本会计报表是通过表格的形式对建筑企业发生的成本费用进行归纳和总结,为企业的内部管理提供所需的会计信息。工程成本会计报表,可为企业的经营决策提供依据,为工程成本的分析提供资料。为了充分发挥成本报表的作用,保证成本报表的质量,编制成本报表应做到报送及时、内容完整、数字准确。

建筑企业应编制的成本报表主要有工程成本表、竣工工程成本表、施工间接费用明细表等。这些报表通常是根据企业工程成本的实际发生资料、预算或计划资料进行编制,并作出对比分析,揭示成本水平和成本差异,为企业的经营决策提供依据。

工程成本分析是工程成本核算与成本会计报表编制工作的继续。通过工程成本分析,可以揭示成本差异,分析成本升降的原因,挖掘降低成本的潜力。工程成本分析的技术方法主要有比较分析法、因素分析法等。比较分析法可揭示成本的差异,因素分析法可查明成本升降的原因。

工程成本分析主要包括工程成本的综合分析和按工程成本项目所进行的分析。工程成本的综合分析就是初步揭示成本计划的完成情况,并对成本计划的完成情况进行总的评价,为进一步深入进行成本分析指明方向,一般采用比较法。为了查明工程成本节超的具体原因,在综合分析的基础上,还应按成本项目进行具体分析。对于人工费、材料费和机械使用费项目,应从数量差、价格差两个因素,分析节超的原因;其他直接费项目应将实际开支数与预算收入数进行比较,分析各项费用节超的情况和原因;施工间接费项目应从两个方面进行分析,即首先将实际开支数与预算收入数相比较,确定各项费用的节超情况,然后拿实际开支数与计划开支数比较,才可以全面地反映其节超的真实情况。各成本项目除采用上述方法分析外,还应进行重点分析,以查明成本节超的具体原因,指明挖掘成本潜力的方向。工程成本在上述分析的基础上,还应进行全面的分析。

复习思考题 12

12.1　什么叫工程成本会计报表? 工程成本会计报表具有什么作用?

12.2　简述编制工程成本会计报表的一般要求。

12.3　工程成本会计报表主要说明什么问题? 它与竣工工程成本表有何不同?

12.4　什么叫工程成本分析? 进行工程成本分析的主要目的是什么?

12.5　影响工程成本形成的因素有哪些?

12.6　如何进行工程成本的综合分析?

12.7　如何按工程成本项目进行工程成本分析?

12.8　工程成本全面分析的主要内容有哪些?

12.9　练习工程成本表的编制。

(1)资料:见复习思考题9.10,10.4,10.5,10.6,本年累计数不填。

(2)要求:根据上述资料,编制"工程成本表"。

12.10　练习施工间接费用明细表的编制。

(1)资料:见复习思考题8.6,8.7及以下的补充资料。

补充资料:本月计划数　　　　　　　　　　　　　　　　　　单位:元

临时设施费	工资及福利费	办公费	差旅费	固定资产使用费	低耗品使用费	劳动保护费	保险费
30 000	31 000	3 000	5 500	6 100	1 000	2 000	1 200

(2)要求:根据上述资料编制"施工间接费明细表"。

参考文献

[1] 盛文俊.工程成本会计学[M].2 版.重庆:重庆大学出版社,2012.

[2] 王玉红.施工企业会计[M].大连:东北财经大学出版社,2004.

[3] 罗飞.成本会计[M].北京:高等教育出版社,2000.

[4] 杨中和.施工企业会计[M].大连:东北财经大学出版社,1998.

[5] 何丕军.建筑施工企业会计[M].北京:机械工业出版社,2004.

[6] 俞文青.施工企业会计[M].上海:立信会计出版社,1999.

[7] 财政部会计资格评价中心.中级会计事务[M].北京:经济科学出版社,2004.

[8] 本书编写组.最新企业会计准则讲解与运用[M].上海:立信会计出版社,2006.

[9] 乔世震.最新企业财务通则讲解与运用[M].大连:东北财经大学出版社,2007.